●免責

本書に記載された内容は、情報の提供だけを目的としています。したがって、本書を用いた運用は、必ずお客様自身の責任と判断によって行ってください。これらの情報の運用の結果について、技術評論社および著者はいかなる責任も負いません。

本書記載の情報は、2019年4月現在のものを掲載していますので、ご利用時には、変更されている場合もあります。

以上の注意事項をご承諾いただいた上で、本書をご利用願います。これらの注意事項をお読みいただかずに、お問い合わせいただいても、技術評論社および著者・翻訳者は対処しかねます。あらかじめ、ご承知おきください。

●商標、登録商標について

本書に登場する製品名などは、一般に各社の登録商標または商標です。なお、本文中に™、®などのマークは省略しているものもあります。

はじめに

　仕事に取り組むうえで「成果を出す、結果を残す」ことは必要なことでありながら難しいものですよね。努力の数だけ報われればよいのですが、なかなかそうもいきません。

　もし、やれば必ず成果が目に見える作業があるとしたら？

　Webサイトの高速化は、取り組めばその場で成果が目に見える、あなたの努力が報われる作業です。しかも、数値ではっきりと結果を示すことができます。

　2017年の秋、取引先から「Webサイトの表示が遅く、PageSpeed Insightsでのスコアが良くない」とWebサイト高速化の依頼をいただき、3日間ほどで簡単な改善を行いました。

　実際に手を動かした時間で考えれば、たった数時間で終わった作業でした。

　その結果、PageSpeed Insightsのスコアは68点から98点に改善し、体感速度も向上したとたいへん喜ばれました。

　そして、その取引先の社長であり、ウェブコンサルタント教育を行う権成俊さんに「高速化をテーマにセミナーをしてみないか」と声をかけられ、講演をしたことが、本書を執筆するきっかけとなりました。

　セミナー講師として活動しながら生の声に触れるなかで、当初は私が「みんな知っているだろう」と考えていた高速化の基本テクニックの数々が、本当にその基本テクニックを必要としている初心者や入門者にはこれほどまでに知られていないのだという事実に驚きました。

　特に2018年7月のGoogleによるスピードアップデートで、SEOにおいてページの表示速度が重視されるようになってから、高速化への関心はあるものの実際に何をすればよいのかわからないという声を多く聞くようになりました。

　本書は、PageSpeed Insightsで指摘される内容を中心として、Webサイトをフロントエンドから高速化するテクニックについて初心者に向けて書いた本です。

　難しい話はできる限り少なく、手を動かしながら成果を出して楽しめる本にしました。なぜなら私も眠たくなるような話は苦手だからです。

　あなたの正しく評価されるべき良質なコンテンツが速度なんかのせいで（間違っても！）埋もれてしまうことがありませんように。そして、そのコンテンツがたくさんの方の役に立ちますように。

　今すぐ使えるテクニックがあります。ぜひ、あなたのWebサイトでご活用いただければうれしいです。

2019年春　佐藤あゆみ

推薦のことば

　1989年にワールドワイドウェブ（WWW）が誕生して30年経ちました。

以来、Webサイトの表示速度は常に利用者の関心事であり、常に開発者の悩みの種であり続けています。

　ダイヤルアップ接続からADSL・光回線へと進み、モバイル環境も第5世代（5G）の普及が目前のこの時代において、なぜまだ遅いWebサイトが存在するのでしょうか？

「仕事の量は、完成のために与えられた時間をすべて満たすまで膨張する」

「支出の額は、収入の額に達するまで膨張する」

というパーキンソンの法則は、実はIT技術にもあてはまります。

　ある環境が与えられると、その環境を使い切るまで需要は膨張するのです。

　Ciscoによると、2011年に毎月31エクサバイト（エクサバイトは10の18乗バイト）だった世界のデータ流通量（IPトラフィック）は、2020年には毎月228.4エクサバイトに増加すると予測されています。

　そのような状態になったとき、はたして期待したとおりのWebサイト表示速度が実現できているかは疑問です。

　表示速度に影響を及ぼす要因は利用者の通信環境だけではありません。サイト運営側のサーバやネットワーク構成、アプリケーションプログラムはもちろんのこと、リッチなWeb表現や動画の掲載、高度化する広告技術など、さまざまな要素が重なり合ってサイトパフォーマンスを構成しています。

　Webサイト運営者としては、それらの複雑な要因を理解したうえで、インターネット環境は限られたリソースであるという認識のもとに、少しでも画像を軽くする工夫、少しでも通信を発生させずに高速に表示させる工夫、少しでも利用者の体感を向上させる工夫を行うことこそが重要です。

　本書では、表示速度の改善に初めて挑戦する人はもちろんのこと、これまで改善に取り組んできたWebサイト運営者や技術者の方まで、実践に役立つ内容が網羅的に解説されています。

　目先のテクニックによる改善だけではなく、サイトパフォーマンスの背景を正確に理解したうえで、今後の技術トレンドもふまえた対処が重要となります。

　そしてそれを本書で学ぶことが、次の30年も通用するWebサイトを実現することにつながっていくことでしょう。

ゴメス・コンサルティング　森澤 正人

謝 辞

　本書の原案となったWebサイト高速化に関するセミナーを開催するにあたり、多方面からご協力いただき、アドバイスをくださいました権成俊様に感謝いたします。

　森澤正人様には、査読にご協力いただき、推薦文をお寄せいただきました。ありがとうございました。

　鷹野雅弘様に文章や構成上のご指摘をいただきましたおかげで、本書の内容がより伝わりやすくなりましたことを感謝いたします。

　ismやCSS Niteで私のセミナーをご覧いただきました皆様、共演者の皆様からのご意見やご感想が大きなヒントとなりました。ありがとうございます。

　最後になりましたが、長きにわたり私の活動を支えてくれている夫、家族、友人達に感謝申し上げます。

なぜ高速化が必要なのか

■ なぜ高速化なのか

なぜ、今、Webサイトの高速化が必要とされているのでしょうか。

もっとも影響力の大きな変化として、スマートフォンからWebサイトを閲覧することが圧倒的に増えてきたことが挙げられます。

図1はLINE社による2017年下半期の定点調査の結果[注1]です。

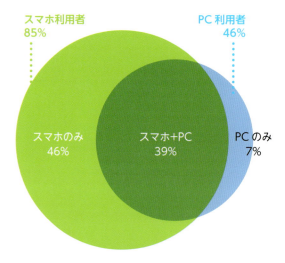

図1 「スマホのみ」が46%と最多

日常的なインターネットの利用環境は「スマホのみ」が46%でもっとも多く、「スマホとPC」の併用者数を上回っています。「PCのみ」での利用者はわずか7%です。そして、スマートフォンの利用者は合計で85%にもなります。

注1 〈調査報告〉インターネットの利用環境 定点調査 (2017年下期)、LINE Corporation (https://linecorp.com/ja/pr/news/ja/2017/2002)

■ 3秒、53%

今後もさらにスマートフォンからの閲覧が増えるであろう状況の中で、気になる数字が発表されました。

Googleの2017年の調査[注2]によると、モバイルサイトのページの読み込みに3秒以上かかる場合、53%のユーザが離脱しています。モバイル向けのランディングページが完全に表示されるまでにかかる平均時間が15秒であるにもかかわらずです。ページの表示が遅いと、内容を読まれることすらなく、約半数のユーザにページから離脱されてしまうということを表しています。離脱されてしまっては、成果を出す、コンバージョンどころではありません。

そこでGoogleは、スマートフォンユーザの増加に対応するためのモバイルファーストインデックス（MFI）において、採点要素にWebサイトが表示されるスピードを加えました。

図2　Test My Site（https://testmysite.withgoogle.com/intl/ja-jp）

さらにGoogleはモバイルページの読み込み速度を解析する新たなツール「Test My Site」を立ち上げました（図2）。

このツールは、どなたでも無料で利用できるものです。読み込み速度を計測したいWebページのURLを入力すると、読み込みにかかった時間、離脱率の推定値、同じ業界内での比較結果を表示するほか、改善案を提案するレポートも発行しています（図3）。

検索エンジン最大手のGoogleがこのような無料のツールを立ち上げるほど、高速化に力を入れて

注2　Find out how you stack up to new industry benchmarks for mobile page speed（https://www.thinkwithgoogle.com/marketing-resources/data-measurement/mobile-page-speed-new-industry-benchmarks/）

います。

図3　Test My Siteでの計測結果

■ スマートフォンの時代に

　スマートフォンでの離脱率や検索ランクに影響を与えるということが、今、高速化に注目が集まっている大きな理由です。

　また、ページを高速化することにより、満足度を高め離脱率を改善する効果が期待できます。

viii

本書の読み方

　Webサイト高速化に関する書籍はまだ少なく、いままではプロフェッショナル向けで難しいものがほとんどでした。そこで、Web担当者やHTMLコーダー、デザイナーやディレクターに必要なレベルの知識を本書にまとめました。

　Webページの表示速度を改善するには、サーバの設定やPHP等のサーバアプリケーションの設定も含めて、さまざまなアプローチがあります。

　本書では、主にフロントエンドでコンテンツを軽量化して表示速度を改善するテクニックを紹介します。

　画像の最適化を実施したり、HTMLファイル内での処理を変えたりすることで表示を速めていくアプローチで、効果が見込める内容からひとつずつ実践できるようにまとめました。

　フロントエンドはもっとも着手しやすい領域でありながら、何も手をつけられていないことが多くあります。

　たとえ高性能なサーバを契約したとしても、フロントエンドの表示速度が遅ければ、せっかくの性能を活かしきれません。

　高度な領域に足を踏み入れる前に、まずは基本的なフロントエンドのテクニックを習得しましょう（**図4**）。

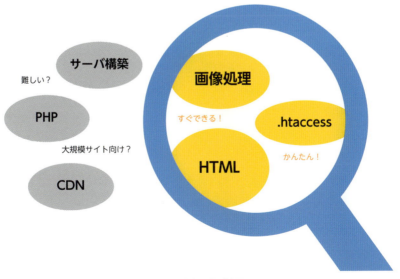

図4　本書で学ぶ範囲

■ 必要な知識

本書は基本的なHTMLの記法を理解している方、もしくは検索しながら対応できる方を対象としています。

その他には、下記のスキルが必要です。

- テキストエディタでHTMLファイルを編集できる
- FTPソフトでファイルをサーバにアップロードできる

■ 入門編と実践編について

本書は、章ごとに「入門編」と「実践編」を設けています。

入門編では章の概要や高速になるしくみを解説し、実践編では実際にファイルやソフトウエアを操作して高速化に取り組めるようになっています。

- 知識として把握できればよいので、入門編だけを読む
- まずは入門編だけを読んで、必要な時に実践編を参照して取り組む
- 一通り試してみたいので、入門編と実践編を掲載順に読み進める

このように、目的に応じて読み進められます。

■ サンプルサイトを高速化してみよう

いきなり運用中のWebサイトに変更を加えるのは難しいです。そこで、思う存分テクニックを試せるように、サンプルサイトのダウンロードも用意しました。第1章の実践編以降で、サンプルサイトの高速化にチャレンジします。

```
https://github.com/trickstar13/pso-sample
```

目次

第1章 Webページが遅いのはなぜか? 1

入門編 Webのしくみをおさえて、根本の原因を調べよう 2

Webページが表示されるまでの流れ ... 2
流れを悪くしているのは、どこだろう? ... 3
Webページの読み込み速度を測るには ... 4
PageSpeed Insightsでページ速度を測ってみよう ... 9

実践編 プロに求められるボトルネックの探し方 13

遅いWebを高速化しよう ... 13
サンプルサイトをダウンロードしよう ... 13
サンプルサイトを計測しよう ... 15
サーバの速さをチェックする ... 19

第2章 Webページ画像を最適化していますか? 23

入門編 画像をサクサク表示させよう 24

適切な画像形式を選ぼう ... 24
その他の形式 ... 26
画像表示形式のまとめ ... 28
縮小しよう ... 28
圧縮しよう ... 29
主な画像圧縮ソフトの紹介 ... 30
画像を最適化して高速化した結果 ... 33

実践編 Webページ画像を最適化するプロの技 40

高速化前の状態をチェックしよう ... 40

画像の形式を変更しよう 42

縮小しよう 44

圧縮しよう 48

高速化後の状態をチェックしよう 54

携帯回線の転送速度をエミュレーションしてみよう 55

第3章 ★ テキストファイルをどこまで圧縮できる？　　57

入門編　テキストファイルを圧縮しよう　　58

Minify... 58

Minifyするには 59

gzipで圧縮配信しよう 60

gzip圧縮配信するには 61

ファイルを1つにまとめると……？ 61

テキストファイルを圧縮して高速化した結果 64

実践編　プロのテキストファイル圧縮テクニック　　68

Minifyしてみよう 68

mod_deflateでgzip配信しよう 72

設定してみよう 75

高速化後の状態をチェックしよう 77

第4章 ★ Webページをさらに速くする方法　　81

入門編　体感的に速くする技術とは　　82

Webページのぱっと見を速く感じさせるには 82

ファーストビュー＆アバブ・ザ・フォールド 82

JavaScriptの配信を最適化しよう 84

CSS配信を最適化しよう 86

CSSの読み込みを非同期にする 88

非同期読み込みで高速化した結果 89

実践編　読み込みをチューニングするプロの技術とは　　95

サンプルファイルをバックアップ 95

JavaScriptの配信を最適化しよう 95
CSS配信を最適化しよう 95
高速化後の状態をチェックしよう 105

第5章 ★ キャッシュの有効活用をしていますか? 119

入門編 ブラウザとキャッシュのしくみ 120

ブラウザキャッシュとは 120
キャッシュを有効活用するには? 120
ブラウザキャッシュを設定してみよう 121
高速化した結果 122

実践編 .htaccessでキャッシュを設定してみよう 125

ブラウザキャッシュを設定してみよう 125
期間の指定 125
ファイル形式の指定 126
設定内容を確認しよう 126
高速化後の状態をチェックしよう 128
携帯回線の転送速度をエミュレーションしてみよう 129
まとめ 129

第6章 ★ コンテンツのダイエットをしていますか? 131

入門編 そもそも、そのコンテンツは必要ですか? 132
ファーストビュー内に動画や動く要素がありませんか? 132
古い新着情報・古いバナーを使っていませんか? 132
なんとなくSNSを埋め込んでいませんか? 133
SNSへのリンクを埋め込むべきケースとは 134
未使用の解析タグ 135
多量のコメントアウト 135
不要なコンテンツを消して高速化した結果 135
自分のWebサイトで実践しよう 137

第7章 ⭐ ストーリーで読む、既存サイトの高速化 139

第8章 ⭐ Web担当者・HTMLコーダーのためのGit超入門 147

入門編 Gitを使いこなす手がかり 148

Gitがあれば憂いなし 148
機能を絞って考えればけっこう簡単 149
Gitを使うとどうなるの？ 149
どんなときに便利なの？ 150
Gitにも種類がある──Bitbucket 151
Gitクライアント──Sourcetree 151

実践編 BitbucketとSourcetreeでわかるGitのメリット 153

転ばぬ先のGit、Webページの安心・安全をつくりましょう 153
Sourcetreeをダウンロードする 157
まず、リポジトリを作ろう 162
リポジトリを開こう 165
リポジトリにファイルを追加しよう 168
ファイルを変更してみよう 173

付録 ⭐ PageSpeed Insights「改善できる項目」対応表 186

索引.. 192

第 **1** 章

Webページが
遅いのはなぜか？

［入門編］

［実践編］

【入門編】
Webのしくみをおさえて、根本の原因を調べよう

 ## Webページが表示されるまでの流れ

　まず、Webページがブラウザに表示されるまでに、いったいどのような処理が行われているのか見てみましょう。この処理をすべて暗記する必要はまったくありませんが、<u>なぜ表示が遅くなるのかを知る手がかり</u>になります。

　WebページのURLをブラウザに入力してから、画面上に表示されるまでのおおまかな流れ（①～⑥）を図1で説明します。

図1　Webページが表示されるまでの流れ

1. ブラウザにURLが入力される

2. ブラウザは、DNSサーバというドメインの情報を管理するサーバに接続する。DNSサーバは、このURLのファイルがあるWebサーバのIPアドレスを返答する

3. ブラウザは、返答されたIPアドレスのWebサーバへ、表示したいページのURLを伝える。URLを伝えられたWebサーバは、そのURLのHTMLファイルを用意する。ブラウザはそれをダウンロードする

4. ブラウザはWebサーバから送られてきたHTMLファイルを読み、その中に記述されているサブリソース[注1]をダウンロードする

注1　ページを表示するために必要なCSSやJavaScript、画像などのファイル一式のこと。

5. ブラウザは、HTMLの解析に加え、サブリソースであるCSSやJavaScriptの内容を解析する
6. 解析した内容をもとに、画像を並べたり色をつけたりといったレイアウトをほどこして、画面を表示する

このように、1つのページが表示されるまでには、いくつものステップがあります。

流れを悪くしているのは、どこだろう？

Webページの表示速度が遅い場合、その原因は**図1**に示したような、表示されるまでの一連の流れのどこかにボトルネックが生じていることにあります。それぞれ次のような要因が考えられます。

- **通信環境に原因がある？**
    - 通信回線の速度が遅い
    - 通信距離が長い

- **Webサーバ自体に原因がある？**
    - 処理性能が低い
    - データベースが整理されていない
    - アクセスが殺到している

- **コンテンツに原因がある？**
    - 重い画像をたくさん掲載している
    - 重い動画を掲載している
    - 動的に生成するコンテンツが多い

- **閲覧端末（パソコン、スマートフォン）側に原因がある？**
    - 処理性能が低い
    - OSやブラウザが古い
    - 多数のサーバと同時に通信している
    - 多数の端末が1つのネットワークを共有している
    - 古いWi-Fi機器や通信ケーブルを利用している

使用しているインターネット回線の速度が遅ければ、ダウンロードに時間がかかります。Webサーバの性能が低い場合は、サーバがファイルを用意するのに時間がかかります。読み込むファイルが多いほど、サーバからダウンロードする量も増えて、通信に時間がかかります。JavaScriptやCSSの内容によっては、ブラウザがそれらを処理するのに時間がかかります。

このように、これらのダウンロードや解析にかかる時間のひとつひとつが、Webページの表示速度にかかわっています。本書ではこれらの要因のうち、コンテンツ部分を改善していきます。

Webページの読み込み速度を測るには

Webページの読み込みが速いか遅いかは、そのページにアクセスすれば体感できますが、ツールを使って測定すれば、その結果と要因をより客観的にしかも正確に知ることができます。主に、本書の入門編ではPageSpeed Insights、実践編ではChrome DevToolsを使用して速度を計測します。

■ TEST MY SITE

Googleが提供しているサービスであるTEST MY SITEは（図2）、モバイルサイトだけを対象として速度を計測しますが、傾向が似ているWebページと相対的なスピード比較ができます。

図2　TEST MY SITE（https://testmysite.withgoogle.com/intl/ja-jp）

■ PageSpeed Insights

図3に示すPageSpeed Insightsは同じくGoogleが提供しているサービスの1つです。Webページの速度を判定してくれるツールです。URLを入力して［分析］ボタンをクリックすると、表示速度に

関する情報とアドバイスを表示してくれます。点数はあくまで参考値で、アクセスのタイミングや判定基準の調整によって、スコアが変わることがあります。

　点数が低かったり、アドバイスの意味がわからなかったりしても、心配いりません。本書を読めば、アドバイスの意味がわかるようになります。そして、実行すれば点数も改善されます。

図3　PageSpeed Insight（https://developers.google.com/speed/pagespeed/insights/）

■ Webページの計測例

　次ページの図4はYahoo! JAPANのモバイル版トップページ（https://www.yahoo.co.jp/）を計測した例です。各項目を解説します。

- **フィールドデータ**（**図4**の①）

　Googleが過去30日間にGoogle Chromeユーザから収集した実際のページ表示スピードデータをもとに、ページの速度が速いか遅いかを表示します。

- **ラボデータ**（**図4**の②）

　3G回線で接続した場合に、Webページが表示されるまでにどれぐらいの時間がかかるかを推定して段階別に表示しています。各項目がどういう意味を持つのかは、第4章「Webページをさらに速くする方法」で詳しく解説します。

第 1 章　Web ページが遅いのはなぜか？

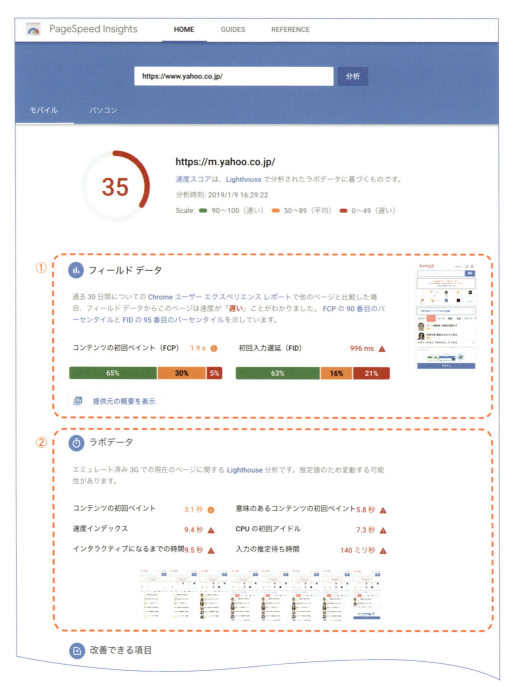

図4　PageSpeed InsightsでYahoo! JAPANのモバイル版トップページを計測した結果

Web のしくみをおさえて、根本の原因を調べよう

③ 改善できる項目

これらの項目を改善すると、ページの読み込み時間を短縮できます。

改善できる項目	短縮できる時間（推定）
1 オフスクリーン画像の遅延読み込み	1.05 s ∨
2 サーバー応答時間の短縮（TTFB）	0.65 s ∨
3 レンダリングを妨げるリソースの除外	0.45 s ∨
4 使用していない CSS の遅延読み込み	0.15 s ∨

④ 診断

アプリケーションのパフォーマンスに関する詳細。

1	カスタム速度の記録と計測		⚠ ∨
2	ウェブフォント読み込み中のテキストの表示		⚠ ∨
3	静的なアセットと効率的なキャッシュ ポリシーの配信	67 件のリソースが見つかりました	⚠ ∨
4	メインスレッド処理の最小化	4.3 秒	⚠ ∨
5	JavaScript の実行にかかる時間の低減	2.4 秒	ℹ ∨
6	クリティカルなリクエストの深さの最小化	15 件のチェーンが見つかりました	∨

⑤ ✓ 合格した監査   12 audits ∧

1	適切なサイズの画像		✓ ∨
2	CSS の最小化		✓ ∨
3	JavaScript の最小化		✓ ∨
4	効率的な画像フォーマット		✓ ∨
5	次世代フォーマットでの画像の配信		✓ ∨
6	テキスト圧縮の有効化		✓ ∨
7	必須のドメインへの事前接続		✓ ∨
8	複数のページ リダイレクトの回避	780 ミリ秒短縮できます	✓ ∨
9	キー リクエストのプリロード		✓ ∨
10	アニメーション コンテンツでの動画フォーマットの使用		✓ ∨
11	過大なネットワーク ペイロードの回避	合計サイズは 911 KB でした	✓ ∨
12	過大な DOM サイズの回避	809 個のノード	✓ ∨

図4の続き

［入門編］

［実践編］

7

- **改善できる項目**（図4の③）

　どのように改善すれば表示速度を速めることができるのかをアドバイスしています。

　各項目名をクリックすると、改善が必要なファイル名をチェックできます。本書では下記の「改善できる項目」を、どのような手順で改善していけばよいのかを解説しています。また、186ページにはPageSpeed Insightsの「改善できる項目」と本書の詳細な対応表を用意しています。

- **診断**（図4の④）

　主にWebサイトの実行速度を上げたい場合に注意すべき項目をチェックして表示しています。

- **合格した監査**（図4の⑤）

　ページを速く表示するために必要な項目のうち、すでに対応済みか、対応が不要な項目を表示しています。

■ Chrome DevTools（検証ツール）

　Google ChromeはGoogleが開発しているWebブラウザです[注2]。このChromeで立ち上げられるChrome DevToolsを使うと、ファイルの状態や通信状況を細かく分析できます。Chrome DevToolsは「検証ツール」とも表記され、どちらも同じツールを指します。本書の実践編では、Chrome DevToolsを使って速度を計測します。

注2　https://www.google.co.jp/chrome/

PageSpeed Insightsでページ速度を測ってみよう

それでは、PageSpeed Insightsでページの速度を測ってみましょう（**図5**）。自分が担当しているWebサイトや、普段よく見ているWebサイトでチェックしてみます。

図5　PageSpeed Insights

1. **PageSpeed Insightsにアクセスする**

   ```
   https://developers.google.com/speed/pagespeed/insights/
   ```

2. **WebページのURLを入力する**

3. **分析ボタンをクリックする**

たったこれだけです。Webページの表示速度はアクセスするたびに変化するため、まったく同じページを分析しても、分析するタイミングによってスコアに数点のばらつきが出ます。

■ PageSpeed Insightsのスコアが低すぎる？── その理由

PageSpeed Insightsで分析した結果を見て、「こんなに点数が低いの？」と驚かれたかもしれません。

図6の例では、スコアは35です。各項目の意味については実践編で紹介しますが、表示にかかる時間の目安となるラボデータの「速度インデックス」は9.4秒です。つまり、このページをスマートフォンで表示させるのに9.4秒かかるということなのですが、これは本当でしょうか。実際に自身で使用しているスマートフォンと携帯回線を使って同じページを表示しても、そこまで表示に時間がかかることは少ないはずです。

第1章 Webページが遅いのはなぜか？

図6　PageSpeed Insightsの分析結果例

そこで、**図7**の［パソコン］タブをクリックして、パソコン版の測定結果に切り替えてみましょう。同じWebサイトのトップページを表示したのに、パソコン版ではスコアが99と出ました。スマートフォン版とパソコン版とで表示されているコンテンツが異なるという理由もありますが、同じWebサイトにもかかわらずあまりに極端な差が出ているように思えます。

Webのしくみをおさえて、根本の原因を調べよう

図7　［パソコン］に切り替えてPageSpeed Insightsを計測

　実は、PageSpeed Insightsでのモバイル版のスコアは3G回線での接続をエミュレートした状態でのスコアを表示しています（2019年1月現在）。2019年現在の日本では、3G回線はフィーチャーフォン（ガラケー）での利用がほとんどで、NTTドコモでは「2020年代半ばの提供終了を目指す」と報道が始まっている[注3]ほど古い技術です。

　2017年の時点にて、日本では4G回線がトラフィックの94％を占めています[注4]。携帯電話会社によって規格が異なる上に理論値ですが、3Gは最大14Mbps、4Gは最大100Mbpsとなっており、桁違いの速度です[注5]。つまり、Webサイトが日本で閲覧される場合は、実際にはモバイル版のスコアよりも良い状態で閲覧されていると考えてよいでしょう。

注3　ドコモの3Gは2020年代半ばに終了へ　5Gで2023年までに1兆円を投資（http://www.itmedia.co.jp/mobile/articles/1810/31/news134.html）
注4　シスコが世界のIPトラフィックについての予測結果を発表（https://www.pc-webzine.com/entry/2017/09/post-33.html）
注5　スマホ時代は「LTE」「4G」が主役に（https://flets.com/customer/column/0315/0315cl_02.html）

■ 相対的に考えよう

モバイルサイトの表示速度が検索ランクに影響を与えるといっても、それは多くのWebサイトとコンテンツが存在する中での相対的な評価になります。極端に言えば、文字だけが書かれており画像も何も掲載されていないWebページであれば、PageSpeed Insightsで高スコアを叩き出すことができますが、それだけで検索順位が上がるとは考えにくいです。検索エンジン対策を行うのであれば、まずは掲載されているコンテンツそのものの質による満足度の向上を重視すべきです。

その上でより満足度を高く、離脱率を低く、転換率を上げる手段の1つとして、ページの高速化をお勧めします。速さがすべてではありませんが、同じ内容のページなら、速く表示されるほうが良いでしょう。特に複数ページを回遊することが前提となるECサイト（ネットショップ）では、ページの表示が遅いと離脱のきっかけになります。

また、平日の昼休みや通勤通学などのアクセスが集中しやすい時間帯は、モバイルインターネット環境での通信速度が低下しやすくなります。限られた隙間時間のなかで、すぐに表示できるWebサイトと表示に時間がかかるサイトがあったときにどちらを選ぶか、想像するまでもありません。検索結果で競合ページと比較された場合に、その中で速く表示できることはWebサイトの価値の1つになり得ます。

【実践編】プロに求められるボトルネックの探し方

遅いWebを高速化しよう

それでは、いよいよ高速化を実践します。本書ではサンプルサイトを作り、これに実際に手を加えながら解説を進めていきます。まずはサンプルサイトをダウンロードしてみましょう。

サンプルサイトをダウンロードしよう

① ファイルをダウンロードする

筆者のGitHub公開ページにアクセスします。

```
https://github.com/trickstar13/pso-sample
```

図8のように［clone or download］（①）をクリックして［Download ZIP］（②）を選びましょう。

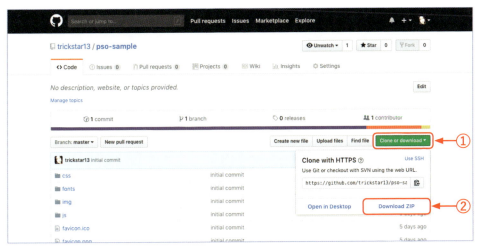

図8　①をクリックし、②をクリックしてダウンロードする

② ZIPファイルを展開する

ダウンロードしたZIPファイルを自分のわかるディレクトリもしくはフォルダで展開（解凍）します。

③ 中身を確認する

展開されたpso-sampleフォルダ内のindex.htmlをダブルクリックすると、このようなWebサイトがブラウザで開くはずです（**図9**）。これがうまく表示されれば問題ありません。

図9　サンプルサイトのスクリーンショット

④ サーバにアップロードする

実際にこのサンプルサイトを使うためには、インターネット環境にあるサーバが必要です。PageSpeed Insightsで採点するためには、採点したいページにPageSpeed Insightsがアクセスできるように、サーバ上にアップロードする必要があります。また、紹介するテクニックの中には、.htaccessと呼ばれる設定ファイルでサーバの設定を変更することにより高速化を実現するものがあります。本書の読者として、Web担当者やWebデザイナーのみなさんを対象としていますので、レンタルサーバでの使用を前提に解説します。現時点で自分が自由に使うことができるサーバがない場合、レンタルをお勧めします。たとえばXREA[注6]などは無料で使用できます（広告付き条件）。

注6　https://www.xrea.com/

有料のレンタルサーバでも、最近は月額数百円から利用できるものがたくさんあります。そうしたサーバを準備しておき、ファイル転送ツールなどを利用してpso-sampleフォルダを目的のサーバにアップロードしてください（直接FTPで送信できる方は適宜実行ください）。

Column サンプルサイト以外で試す場合には必ずバックアップをとろう！

　運用中のWebサイトなど、今回のサンプルサイト以外で高速化を行う場合は、必ずバックアップをとってから作業を始めましょう！　本書では多くのWebサイトで効果があると思われる方法を紹介していますが、どの対応が適しているか、どれぐらい効果が出るかはケースバイケースで、事前に予測するのは難しいです。

　改善前の表示速度を測り、高速化を施してから、また測る、という工程を進むことで、どのアプローチがもっとも効果があったかを知ることができます。まず試してみて、もしイマイチだと感じて元に戻したくなったら、バックアップから戻せばよいのです。

　「転ばぬ先のテスト」「バックアップあれば憂いなし」バックアップはマメにとっておきましょう。

サンプルサイトを計測しよう

　サンプルサイトのpso-sampleフォルダをまるごとFTPソフトなどでサーバにアップロードできたでしょうか。さっそくアップロードしたファイルのURLをPageSpeed InsightsやChrome DevTools（検証ツール）で分析してみましょう。

■ PageSpeed Insightsでページ速度を測ってみよう

　PageSpeed Insightsの使い方はとても簡単です。まずブラウザで、次のURLを開きます。

```
https://developers.google.com/speed/pagespeed/insights/
```

　「ウェブページのURLを入力」の欄に速度を計測したいWebページのURLを入力して［分析］ボタンをクリックすると、表示速度に関する情報とアドバイスを表示してくれます。この例ではYahoo!のトップページを計測しています（**図10**）。サンプルサイトやいろいろなサイトを分析してみましょう。

第1章 Webページが遅いのはなぜか？

図10　PageSpeed Insightで計測

■ Chrome DevTools（検証ツール）でページ速度を測ってみよう

1. **Google Chromeを起動する**

2. **計測したいページを開く**

   速度を計測したいWebページを開きます。まず、「https://www.google.co.jp/」で試します。うまく計測できたら、次にサンプルサイトを開いて比較してみましょう。

3. **ブラウザ画面を右クリックして、Chrome DevTools（検証ツール）を開く（図11）**

   図11のように、Webページを右クリックして、プルダウンメニューの中から、［検証］を選びます。そうすると、図12の画面が開きます。✕の横のメニュー ⋮ をクリックして表示されたDock sideの項目の中から、画面が重なっているアイコン 🗗 をクリックすると、図13のように、ブラウザ画面から独立した画面になります。

図11　右クリックして、検証ツールを開く

図12　DevToolsの初期画面（Webページの右クリックで［検証］を選択して表示させる）

4. Networkタブを開き、Disable cacheにチェックを入れる

Networkタブ内では、通信状況に関する情報を確認できます。ここで、[Disable cache]にチェックを入れて、Chrome DevTools（検証ツール）を開いているときはページの情報をキャッシュ（保存）しないように変更しましょう。このチェックが入っていない場合、せっかくページを改善しても、パソコンにキャッシュされている古いページの情報をもとに情報を表示してしまう可能性があります。すでにチェックが入っている場合はそのままにしておきましょう（**図13**）。

図13　[Network]タブを開き、[Disable cache]にチェックを入れる

5. リロードする

Control + R （⌘ + R）でページをリロードしてみましょう。

6. Networkタブの一番下を見る

一番下に表示されているステータスバーで、ページ全体の読み込みに関する情報を確認できます（**図14の①**）。

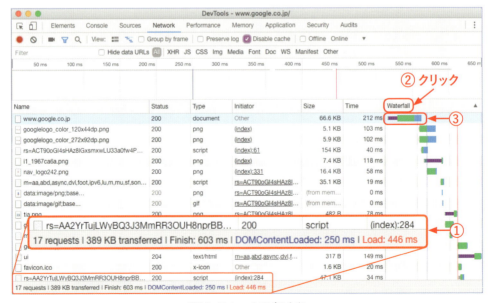

図14　Networkタブの全容

図14の①で押さえておく項目は次のとおりです。

- **Finish**：ページが表示されるまでにかかった時間
- **DOMContentLoaded**：HTMLの読み込みと解析が終わった時間（CSSや画像の読み込みを含まない）
- **Load**：ページを完全に読み込み終わった時間

数値の単位はミリ秒（ms）か秒（s）、もしくは分（m）で表示されます。アクセスするタイミングによって、回線速度やサーバの動作状況、アクセスしているパソコン本体の状況が変化するため、ページの読み込み速度はリロードするたびに変化します。何回かリロードして変化を確かめてみましょう。もし高速化作業をしたあと、これらの数値が目に見えて減っていれば、そのぶん表示が速くなっているということになります。

また、Finishの左に次の項目があります。

- **requests**：サーバからダウンロードしたファイルの数
- **transferred**：サーバからダウンロードしたファイルの総容量

requestsの数値は現時点で気にする必要はありませんので、transferredの数値を見てみましょう。例では「389KB transferred」と表示されています。これは389KBが転送された（ダウンロードされた）という意味です。この数値はWebページに掲載されている内容に大きく左右されますが、もしこのtransferredの数値が数十MB、数百MBなど極端に多い場合は、読み込むファイル数を減らすか、ファイルを軽量化する必要があります。

7. **Waterfallをクリックする**

　［Waterfall］という項目名（**図14の②**）をクリックすると、いつ、何がどのぐらいの時間で読み込まれたかを視覚的にチェックできます。

サーバの速さをチェックする

　さきほどWaterfallという項目名をクリックしました。一番上の行は、開いているページのURLになっています。例ではgoogle.co.jpと表示されています。

1. **Waterfallグラフにカーソルを合わせる**

URLが書かれている行のWaterfall列の、色づけされているバーの部分（**図14の③**）にカーソルを重ねてみましょう。**図15**が表示されます。

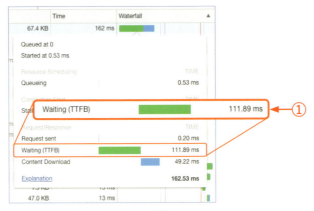

図15　ファイルの詳細

2. **Waiting（TTFB）をチェックする**

Waiting（TTFB）という項目の数値を見ます（**図15の①**）。TTFBはTime To First Byteの略で<u>最初の1バイトを受け取るまでにかかった時間</u>という意味です。時間は短い方がよいので、この数値は少ない方がよく、200ミリ秒(0.2秒)未満が推奨されています。

図15では111.89（ミリ秒）と表示されていますので、充分な速さが出ています。このTTFBで時間がかかっている場合は、次の要因が考えられます。

(1) サーバ内のアプリケーションの動作が遅い

Webページの用途や需要に対してサーバの性能が足りていない場合、TTFBが遅くなります。特に、サーバを契約してから何年もずっと使い続けていたり、WordPressなどのPHPやデータベースを使って表示するWebサイトであったり、アクセスが殺到している場合などに、サーバの性能が足りないために処理しきれず、TTFBが遅くなります。

通信速度に問題がなく、アクセスする時間帯を変えてもTTFBが遅い場合、せっかく本書を読んでフロントエンド側の対策をしても、サーバそのものが遅いためにその効果を実感しにくいかもしれません。共有サーバを借りている場合は専用サーバへ引っ越すなど、新しいサーバへの引っ越しを検討してみましょう。

（2）インターネット回線の通信速度が遅い

　Webページを閲覧しているパソコンからサーバまでの接続が不安定な場合、TTFBが遅くなることがあります。GoogleやYahooなど有名なWebサイトをいくつか開いてTTFBをチェックしてみましょう。もしどのサイトを見てもTTFBが遅い場合、通信状況に問題があってページの表示が遅くなっている可能性があります。

携帯回線の転送速度をエミュレーションしてみよう

　Webサイトをパソコンで制作したあとに、そのままパソコンでチェックすると、多くの制作者は通信速度が速いブロードバンド回線でWebサイトをチェックすることになります。

　ところが、外出中にスマートフォンなどで携帯回線からアクセスした場合は、それよりも通信速度が落ちてしまうことが多いのです。つまり、ページを閲覧している方は、制作者が見ているよりもずっと遅い速度でWebサイトを閲覧している可能性があります。

　スマートフォン対応しているWebサイトをチェックするときは、携帯回線での表示速度も一度はエミュレーションしてみましょう。

1. Chromeを起動する
2. 計測したいページを開く
3. 右クリックして、［検証ツール］をクリック、または F12 を押す
4. Networkタブを開き、［Online］をクリック（図16）して［Fast 3G］に変更する（図17）

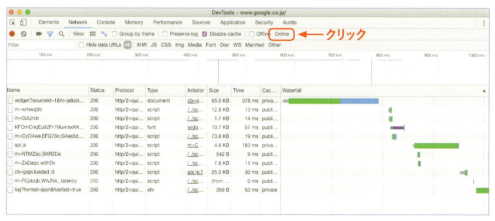

図16　［Online］をクリック

第 1 章 Web ページが遅いのはなぜか？

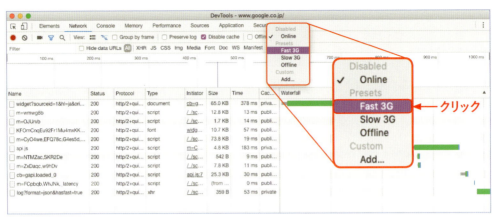

図17　[Fast 3G] へ変更

5. **リロードする**

　[Control]+[R]（[⌘]+[R]）でページをリロードしてみましょう。変更前よりもLoadの時間がとても長くなっているはずです。

　Chrome DevToolsであらかじめ用意されているプリセットの中では一番高速なFast 3Gを選択しましたが、いまの日本ではそれよりも速い4G回線が主流となっています。このため、もしFast 3Gのエミュレーションを実施してかなり遅く表示されたとしても、気にしすぎないでください。確認が終わったら、Onlineに戻しておきましょう。

第 **2** 章

Webページ画像を
最適化していますか？

［入門編］

［実践編］

【入門編】
画像をサクサク表示させよう

画像の最適化は、一番簡単に削減効果を体感できる対策です。画像の特徴に合う形式を選び、適切な大きさに縮小し、さらに圧縮することで、大幅にファイルの容量を減らすことができます。画像の容量を減らすほど、より高速にダウンロードできるようになり、表示も速くなります。

適切な画像形式を選ぼう

現在、日本のWebサイトで使われている主な画像の形式は、JPEG、PNG、GIFの3種類です。画像の特徴に合わせて最適な形式で配信することにより、美しく、速く表示できます。表示に適していない形式で掲載すると、画像が汚く見えたり、大幅にファイル容量が増える原因になります。

■ 写真を掲載するならJPEG形式

JPEG形式は、写真を掲載するときに使いましょう。素材の色の数が多い画像に適しています（**図1**）。

図1　写真素材の例

24

■ イラストやロゴ、図を掲載するならPNG形式

PNG形式は、イラストやロゴ、図を掲載するときに使いましょう（**図2**）。

色の数が少ない画像であれば、PNGで保存することでファイル容量を減らせます。PNGはさらにPNG-8・PNG-24・PNG-32の3つの種類に分けられます。透過PNGとして、ページ上で背景色を透かして使うこともできます。

PNG-8は、背景を透過させる必要がなく、色数の少ないイラストやロゴに使います。PNG-24は、色の数が多い場合に画質を劣化させずに保存できますが、ファイルの容量は大きくなってしまいます。背景を透過させる必要がある場合は、PNG-32[注1]を選ぶとなめらかでキレイに透過できます。PNG-8も背景の透過に対応していますが、半透明を表現できないため、フチがギザギザに見えてしまいます。

図2　イラストの例

■ パラパラアニメーションならGIF形式

GIF形式は、パラパラ漫画のような短時間のアニメーションに向いてます。古くからある技術のため、どのようなブラウザでも表示でき、アニメーションを自動再生できます（**図3**）。ただし、長時間のアニメーションには不向きです。ファイル容量が大きくなってしまいます。また、このアニメーションGIF形式は音声は収録できません。透過GIFとして背景色を透過させることができますが、半透明を表現できないため、フチがギザギザしているように見えてしまいます。

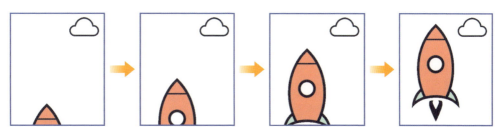

図3　アニメーションGIFの例

注1　Photoshopでは、PNG-32は「PNG-24＋透過」として扱われます。

その他の形式

　JPEG・PNG・GIFの種類に加え、今後の新規サイト制作で使われていくことが予想される、新しい形式のSVG（Scalable Vector Graphic）とWebPを紹介します。これらの2つの形式は、画像加工ソフトやブラウザ上での扱い方がいままでの画像形式と異なるため、使い方を事前に学習しておく必要があります。本書では詳しく触れませんが、余力があれば、この2つの形式についても調べて試してみましょう。

■ ロゴや簡単な図形を掲載するなら「SVG」

　SVGは、ロゴや簡単な図形を表示するときに使います。SVGの特徴は、ベクター方式と呼ばれる、図形を文字情報で表現する方式にあります。たとえば、**コード1**のようなコードをHTMLのBODY内に記述すると、**図4**のように黒い円をブラウザに表示できます。

コード1　ベクター方式のサンプル

```
<svg xmlns="http://www.w3.org/2000/svg" width="48" height="48" viewBox="0 0 48 48">
  <defs>
    <style>
      .circle-1 {
        fill: #000;
      }
    </style>
  </defs>
  <circle class="circle-1" r="24" cx="24" cy="24"/>
</svg>
```

図4　SVG画像をブラウザで表示した様子

　また、上記のコードを「circle.svg」と名前を付けて保存し、HTMLから呼び出すと、単独の画像ファイルとして扱うこともできます。

```
<img src="circle.svg" width="48" height="48" alt="円形のサンプル">
```

画像をサクサク表示させよう

文字から情報を計算して画面に表示するため、拡大しても画像が荒れず、CSSで色を変えることもでき、レスポンシブWeb時代にうってつけの方式です。今まで透過PNGで表示していたようなシンプルな図形は、今後、より使い勝手の良いSVGに置き換わっていくでしょう。ただし、複雑な曲線を含む場合や、色の数が多い場合には、それを表現するための文字の数も増えてファイル容量が増えてしまいますので、そのような画像はPNGのほうが向いています。どの画像をどの形式で保存するか迷ったら、それぞれの形式で保存して、ファイル容量を見比べてみましょう。慣れれば直感的にわかるようになります。

■ 実用はもう少し先のWebP形式

WebP形式は、JPEGやPNGよりもファイル容量を減らすことができて、アニメーションもできる夢のような形式ですが、まだ一部のブラウザしか対応していません。

Webサイト「Can I use」で最新のブラウザ対応状況を調べられます。

- **Can I use—WebP image format**

```
https://caniuse.com/#feat=webp
```

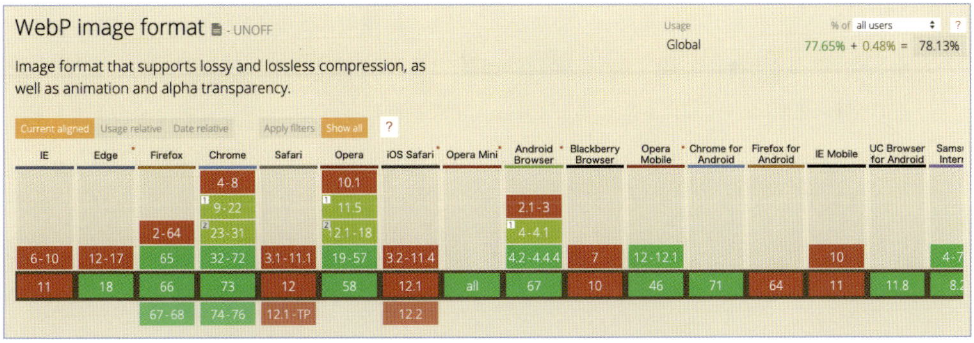

図5　WebPのブラウザ対応状況（2019年4月現在）

図5の四角の中の数字はブラウザのバージョンを表しており、緑色で塗られていれば対応、赤色で塗られていれば非対応を表しています。2019年4月現在、Windows、macOSなど各OSの標準ブラウザであるIEとSafariがWebPに対応していません。

このため、WebPを導入したい場合には、WebPに対応しているブラウザではWebPを、その他の未対応ブラウザでは、JPEGやPNGを表示させる必要があります。このような特別な対応が必要になってしまうため、画像の管理が煩雑になってしまうというデメリットがあります。

画像表示形式のまとめ

色の数が多い画像はJPEG、色の数が少ない画像はPNG、アニメーションならGIF、と覚えればうまく対応できます（**表1**）。

表1　画像の表示形式とその特徴

種類	色数	透過	形式	アニメ	軽さ	備考
JPEG	○	×	ラスター	×	○	写真を載せるならこれが最適
PNG-8	△	△	ラスター	×	◎	色数の少ないイラスト・ロゴにお勧め。透過も可、ただし半透明を表現できない
PNG-24	○	×	ラスター	×	△	ファイル容量が大きいが劣化しない
PNG-32	○	○	ラスター	×	△	イラストを透過させる場合にお勧め
GIF	△	△	ラスター	○	○	アニメーションさせる場合にお勧め。透過可、ただし半透明を表現できない
SVG	○	○	ベクター	○	◎	簡単な図形にお勧め。入り組んだ複雑なイラストは重くなる
WebP	○	○	ラスター	○	◎	未対応のブラウザがあるので、要検討

縮小しよう

適したファイル形式を選んだら、画像編集ソフトで縦横の幅を小さく縮小して保存しましょう。きちんと縮小することで、大幅にファイル容量を減らせることがあります。特にデジタルカメラで撮影したそのままの画像は、印刷にも耐え得るような大きな画像になっています。これをそのままアップロードすると、Webサイトで表示するには縦幅も横幅も大き過ぎます。大きな画像は縮小しましょう（**図6**）。

高精細ディスプレイ（Retinaディスプレイなど）に対応してクッキリと表示させたい場合は、より大きな画像が必要になることもありますが、Webサイトを運用する上では、ほとんどの画像は高精細でなくとも問題ありません。

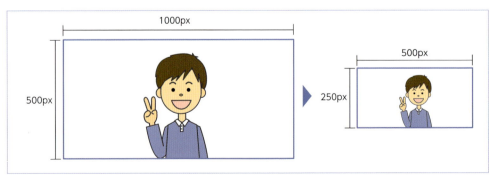

図6　画像の縮小

圧縮しよう

　画像の圧縮は、人間の目には感じにくい色の情報や、画像の表示に不要な情報をデータから省くことで、画像の劣化を目立たせずにファイル容量を減らす技術です。

　Photoshopで画像をWeb用に書き出した場合、そのままでもある程度は圧縮がかかった状態になっていますが、画像圧縮ソフトを使用することで、さらにファイル容量を減らすことができます。

　画像圧縮ソフトを使用すれば、フォルダから画像を選択して圧縮開始ボタンをクリックするだけで圧縮できます。既存のWebサイトでも簡単に導入できる対策です。

■ 画像を圧縮するとどうなるの？

　色の情報を省くとはどういうことなのか、実際に画像を圧縮した例を紹介します（図7〜図10）。サンプル画像は、圧縮前は980×654ピクセルで784KBありました。後ほど紹介するImageOptimというソフトで圧縮処理をかけると、画像の大きさは980×654ピクセルのまま、66KBまでファイル容量が減りました。見た目の印象をほとんど変えることなく、ファイル容量を減らすことができました。

図7　圧縮前の画像
（ファイル容量：784KB）

図8　圧縮後の画像
（設定88％、ファイル容量：175KB）

図9　圧縮後の画像
（設定72％、ファイル容量：101KB）

図10　圧縮後の画像
（設定55％、ファイル容量：66KB）

それぞれの画像を拡大すると、だんだんと色の情報が省かれていく様子がわかります。画像の一部を500％に拡大した状態で見てみましょう（**表2**）。

表2　画像の圧縮と500％拡大時の様子

	圧縮前の画像	圧縮設定88％	圧縮設定72％	圧縮設定50％
画像例				
ファイル容量	784KB	175KB	101KB	66KB

ただし、Webページを閲覧する際に、ここまで画像をじっくり拡大した状態で見ることはまれです。

主な画像圧縮ソフトの紹介

■ Antelope Windows

Windows用のフリーウェア。ウィンドウに画像ファイルをドラッグ＆ドロップし、左上の ▶ ボタンをクリックするだけで圧縮が開始されます（**図11**）。

- Antelope

  http://www.voralent.com/ja/products/antelope/

■ ImageOptim macOS

macOS用のフリーウェア。ウィンドウ内に画像ファイルが入ったフォルダをドラッグ＆ドロップするだけで圧縮が開始されます（**図12**）。圧縮されたファイルは、元のファイルに上書き保存されます。

- ImageOptim

  https://imageoptim.com/mac

画像をサクサク表示させよう

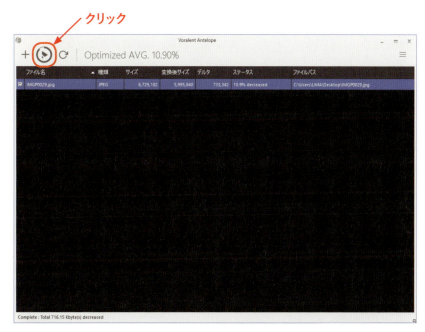

図11　Antelope実行画面

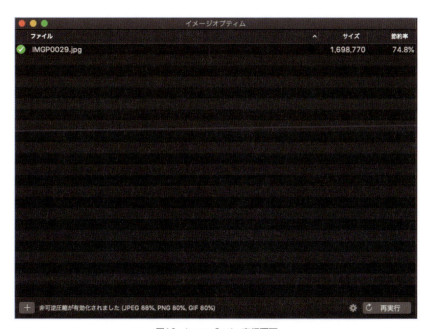

図12　ImageOptim実行画面

31

■ TinyPng（ブラウザ版） Windows macOS

画像を圧縮できるWebサイトです（**図13**）。圧縮率の設定は変更できませんが、パソコンにソフトをインストールすることなく、気軽に画像を圧縮できます。

- **TinyPng**

```
https://tinypng.com/
```

図13　TinyPng（ブラウザ版）

■ TinyPng（Photoshopプラグイン） Windows macOS

WindowsとmacOSで利用できる、Photoshopの有料プラグインです。このプラグインは画像の内容を解析して、自動的に最適な圧縮率を設定して出力します。

- **TinyPng（PhotoShopプラグイン）**

```
https://tinypng.com/photoshop
```

■ EWWW Image Optimizer（WordPressプラグイン）

WordPressにも、いくつか画像を圧縮するプラグインがあります。EWWW Image Optimizer（図14）は、画像をアップロードする際に自動で圧縮処理をしてくれるプラグインです。画像を新規アップロードする際だけではなく、すでにアップロードされた画像も圧縮できます。

- EWWW Image Optimizer

```
https://ja.wordpress.org/plugins/ewww-image-optimizer/
```

図14　EWWW Image Optimizer

画像を最適化して高速化した結果

サンプルサイトの画像を縮小し、圧縮しました。この結果、PageSpeed Insightsではスコアが83点（**図15**）から94点（**図16**）に上昇しました。この結果は、モバイル環境での表示スピードを改善できたことを表しています。

第 2 章　Web ページ画像を最適化していますか？

図15　最適化前　PageSpeed Insights（83点）

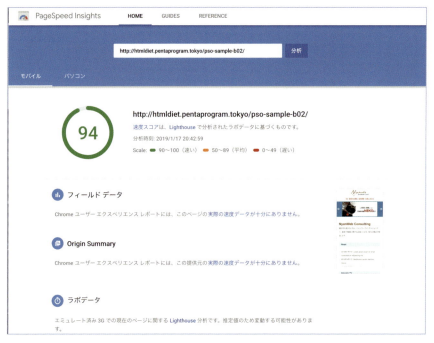

図16　最適化後　PageSpeed Insights（94点）

ECサイトの商品画像はどうすればいいの?

　ショッピングモールや自社ECサイトに商品画像を掲載する際、ほとんどの場合においてはシステムによって自動的にリサイズや画像圧縮処理がかかるようになっています。このため、個別に画像を圧縮する必要はありません。

　ただし、いわゆるFTP領域（楽天GOLDやYahoo!トリプルなど、自由にファイルをFTPソフトでアップロードできる領域）に画像を直接アップロードしている場合は、自動圧縮処理がかかりません。適切に縮小、圧縮してからアップロードしましょう。

 ## 圧縮後の画像が汚くなってしまったら?

　下記のようなJPEG画像は劣化が目立ちやすく、強く圧縮をかけられないことがあります。

- 彩度が高い、クッキリした印象の画像
- 明朝体など細いフォントで書き込んである画像

　このような場合は、圧縮をあきらめることもあります。ただし、文字入り画像の場合は「背景画像（JPEG）＋文字（テキストか透過PNG）」に分離してからCSSで重ねるなど、工夫すると容量を抑えられることがあります。

画像はどこまで圧縮すべき?

　画像圧縮ソフトの設定を変更することで、どれぐらいの画像品質まで圧縮するかを自分で選ぶことができます。そうすると、いったいどこまで圧縮すればよいのかわからず、迷うことがあります。

　PCサイトのキービジュアルのような大きな画像の場合、私は200KB前後を目安に圧縮しています。元の画像をきちんとバックアップしておけば何度でも設定を変えて圧縮しなおせますので、迷った場合は何度か設定を変えながら保存してみるとよいでしょう。

　何がなんでも圧縮が最優先ということではありません。たとえば、すでに購買欲が高まっている状態で商品の詳細ページをじっくり見ている場合や、アーティストのファンサイトなどでは、たとえサイト内の画像の表示に時間がかかったとしても、待ってくれるでしょう。そのページや画像の持つ役割によって、柔軟に圧縮率を変えられるとよいです。

あえて圧縮を避けた、傘屋さんの例

あえて圧縮を避けた事例として、傘の専門店のキービジュアルを紹介します（**図17**）。このキービジュアルは、色鮮やかで個性的な「匠の傘」が華やかに水面に咲いているような様子を表現しています。さらに、線の細い明朝体でキャッチコピーを載せています。

どの画像形式を選ぶか、どこまで圧縮するかは、その画像に求める効果とダウンロード速度とのトレードオフになります。この画像の例では、傘の色の鮮やかさと輪郭の表現、明朝体のくっきりとした表現を優先し、PNG形式を選択しています。

想定する顧客層の年齢が比較的高いこと、取り扱い製品の価格帯から見てじっくりと吟味するであろうこと、また、スマートフォンよりもパソコンでのアクセスが多いことなどをふまえ、画像のダウンロードに時間がかかったとしても、大きな離脱は発生しないだろうという判断のもと、表示速度よりも画質の良さを優先しました。

もし、このWebサイトが、若者に向けた激安傘の販売サイトであったなら、同じ傘という商材であったとしても、画質に対するこの判断は変わっていたことでしょう。

図17　匠の傘の専門店 心斎橋みや竹（https://www.kasaya.com/）

画像を出し分けてみよう

HTMLでmedia属性やsrcset属性を使うと、端末の画面解像度や画面幅に応じて画像を出し分けられます（**表3**）。

srcset属性を使うと、画面解像度が2倍の端末には2倍の解像度の画像を表示できます。また、media属性を使うと、画面の幅に応じて異なる画像を出し分けられます。**コード2**では、1つの画像につき4種類の大きさを用意して、画面幅と解像度に応じて出し分けています。

コード2　画像の出し分けサンプル

```
<picture>
  <source media="(max-width: 767px)" srcset="sample-small.jpg, sample-small-2x.jpg 2x">
  <source media="(min-width: 768px)" srcset="sample-large.jpg, sample-large-2x.jpg 2x">
  <img src="sample-large.jpg" srcset="sample-large-2x.jpg 2x" alt="サンプル画像です">
</picture>
```

表3　画像の出し分け例

画面幅の条件	表示される画像ファイル
画面幅が767px以下の状態で見た場合	sample-small.jpg
画面幅が767px以下の状態で、高解像度（2倍）のディスプレイで見た場合	sample-small-2x.jpg
画面幅が768px以上の状態で見た場合	sample-large.jpg
画面幅が768px以上の状態で、高解像度（2倍）のディスプレイで見た場合	sample-large-2x.jpg

さらに、picture要素に未対応のブラウザで見た場合にはimg要素で指定した画像が表示されます（**表4**）。

表4　画像の出し分け例

対応ブラウザの条件	表示される画像ファイル
picture要素に未対応のブラウザで見た場合	sample-large.jpg
picture要素に未対応のブラウザで、高解像度（2倍）のディスプレイで見た場合	sample-large-2x.jpg

「スマートフォンでは縦長の画像を表示したいけれど、パソコンでは横長の画像を表示したい」という場合にもmedia属性を使用して切り替えることができます。

ただし、必ず画像を出し分けなければいけないということではありません。この画像は美しく見せたいという勝負どころでは高解像度ディスプレイに対応した画像を出し分け、それ以外ではあえて出し分けずに、共通の低解像度の画像を使用することで、管理が楽になりますし、表示も速くなります。画像を表示する目的や、今後の更新方法について、あらかじめ検討してから導入しましょう。

また、サムネイルをクリックすると大きな画像が開くWebページの場合には、サムネイルは縮小して圧縮し、大きな画像の方はあえて圧縮せずに高画質な状態で見せることもできます。サムネイルが表示されているページの速度を保ったまま、クリック後には高画質な画像を見せられます。

Lazyloadを使ってみよう

PageSpeed Insightsにて「オフスクリーン画像の遅延読み込み」が改善できる項目として表示される場合は、Lazyloadを利用することにより、改善できます。

画像がページ内にたくさん配置されている場合、その画像の中にはファーストビューには入らない範囲の画像も多くあるはずです。そこで、ファーストビューの状態では画像をすべて読み込まず、スクロール範囲内に近づいてからダウンロードして表示することで体感的な表示速度を速めるというテクニックがあり、これを一般にLazyloadといいます。Lazyloadで検索すると、複数のJavaScriptプラグインが出てきます。

さて、一般的な対策としてLazyloadを紹介しましたが、私はLazyloadはめったに使用しません。コーポレートサイトなどは、一般的に1ページあたりの画像数はそれほど多くありませんので、Lazyloadを使用する必要はないでしょう。Lazyloadを活用する場合は、そのための記述をHTMLやCSS内に増やすことになるため、メンテナンスの手間も増えます。

それでは、どのような場合にLazyloadを使用するかというと、縦にとても長いランディングページを制作する場合です。ランディングページは画像てんこもりの場合がほとんどですし、一度制作した後はメンテナンス更新の必要性が薄いです。そのような場合は使用を検討することもあります。

JPEG 2000とJPEG XRについて

PageSpeed Insightsにて「次世代フォーマットでの画像の配信」が改善できる項目として表示される場合は、画像をWebPやJPEG 2000、JPEG XR形式に変更することにより、スコアを改善できます。

WebP形式については、本章でも紹介致しました。JPEG 2000やJPEG XRは、通常のJPEGよりも画質が良く、圧縮率も高い形式です。ただし、どちらも対応するOSやブラウザが限られています。現時点にて、一部のプロフェッショナルに向けた形式としては普及していますが、一般には普及していません。また、次世代規格として並べられるJPEG 2000とJPEG XRとWebPはそれぞれ開発元が異なります。JPEG 2000はJoint Photographic Experts Group、JPEG XRはMicrosoft、そしてWebPはGoogleによって開発されたという経緯があります。

今後、どの規格がすべてのデバイスで扱えるようになるかは、まだ不確定です。このため本書では、圧縮率よりも普及率を重視し、現在広く普及しているJPEG、PNG、GIFの3形式の利用をお勧めしています。

【実践編】
Webページ画像を最適化するプロの技

高速化前の状態をチェックしよう

　PageSpeed Insightsに最適化前のサンプルサイトのURLを入力して測定してみましょう（サンプルサイトのURLは、読者のみなさんが自分で構築した環境により異なりますので、注意してください）。本書の執筆時には**図18**のように83点でした。

図18　PageSpeed Insightsで83点の結果

　次にアップロードしたサンプルサイトをGoogle Chromeで開き、Chrome DevTools（検証ツール）でも状況をチェックしてみます。アップロードするサーバやアクセスするタイミングによって速度が大きく異なることがありますので、何度かリロードしてだいたいの幅を見ておくとよいでしょう。Loadにかかる時間（**図19の①**）と、ページの合計ファイル容量（**図19の②**）を確認します。

図19の例では、ファイル容量は24MBあり、読み込みには4.96s（秒）かかっています。

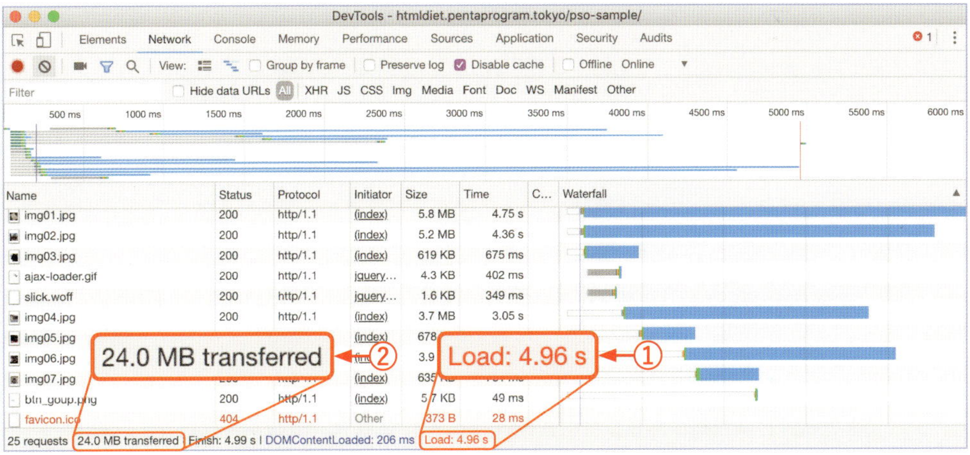

図19　Chrome DevToolsの測定結果

携帯回線の転送速度をエミュレーションしてみよう

それではここで、Fast 3Gに変更してリロードします（**図20の①**）。同じページを読み込んでいますので、ファイル容量は変わりありませんが、読み込みには2.2m（分）かかっています。速度が遅い回線を使用している場合には、読み込みにかかる時間が大きく増えてしまうことがわかります。測定し終えたら、Onlineに戻します。

画像の最適化を行うことでどれぐらい改善できるか試してみましょう。

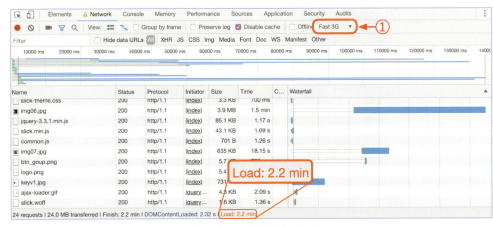

図20　Fast 3Gへ変更した結果

 画像の形式を変更しよう

　この作業は次の項目「画像を縮小しよう」と同時に行うと効率よく作業できます。既存のWebサイトをの画像を最適化したい場合に、画像の非圧縮データを所有していなかったり、ひとつひとつチェックするのがたいへん過ぎるようでしたら、この項目は飛ばしてもかまいません。特にWeb制作会社にページ制作を依頼していた場合には、すでに最適な形式が選ばれている可能性が高いです。本書のサンプルサイトの画像も、すでに最適な形式を選んであります。

■ 画像の形式を変更するには

Photoshopで変更する　Windows　macOS

1. ［ファイル］→［書き出し］→［Web用に保存］を選択（図21）

2. 形式（JPEG、PNG-8、PNG-24）を選んで保存（図22）
   ※Photoshopで透過PNGを保存したい場合は、［PNG-24］を選んだ上で、［透明部分］にチェックを入れます。

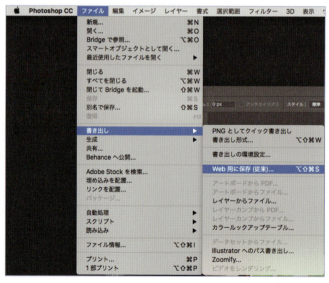

図21　Web用に保存を選択する

Webページ画像を最適化するプロの技

図22　Web用に保存を選択する

ペイントで変更する Windows

1. ［ファイル］ → ［名前を付けて保存］

   画像の形式（JPEG画像、もしくはPNG画像）を選んで保存します（**図23**）。

図23　［形式を選んで保存する］

プレビューで変更する macOS

1. ［ファイル］ → ［書き出す］を選択（図24）
2. 形式（JPEG、もしくはPNG）を選んで保存（図25）

43

図24　［書き出すを選択する］

図25　［形式を選んで保存する］

縮小しよう

　画像を縮小する前に、まずは適切な大きさを確かめます。サンプルサイトのindex.htmlをGoogle Chromeで開きましょう。

■ PCサイトの場合

Chrome DevTools（検証ツール）を使って、画像が実際に表示されている大きさを確かめます。

1. ページ内で右クリック、または F12 キーを押して、Chrome DevTools（検証ツール）を開く（図26）
2. 右側にあるComputedタブを開く（図27）
3. 左上にある、四角と矢印が合わさったマークをクリック（図28）
4. 測りたい画像周辺にカーソルを持っていく

Webページ画像を最適化するプロの技

図26　画面を右クリックし［検証］を開く

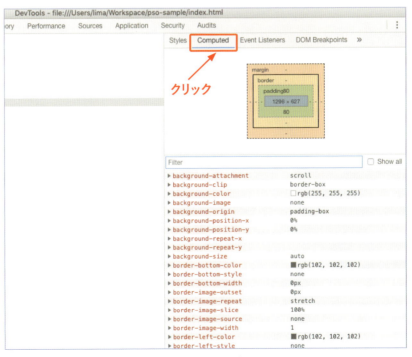

図27　Computedタブを開く

45

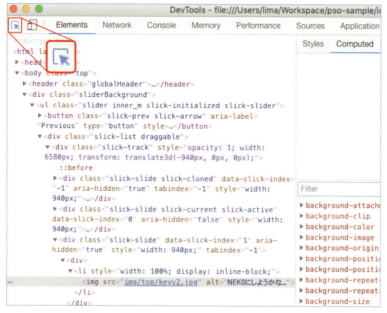

図28　四角と矢印が合わさったマーク

　大きさを測りたい画像にカーソルを重ねると、画像の範囲がハイライトされ、大きさが表示されます（**図29**）。ウィンドウの中と「Computed」タブの中の両方に数値が表示されますが、どちらも同じ数値です。この数値が実際に表示されている大きさですので、この数値にリサイズします。サンプルの場合はスライドショーの画像を横幅940ピクセルに縮小することになります。ブログのサムネイル画像は横幅122ピクセルに縮小します。

図29　画像の大きさが表示される

■ レスポンシブデザインのWebサイトの場合

　レスポンシブデザインの場合、画面幅に応じて画像の大きさが変わります。このため、測定しにくくなりますが、パソコンとスマートフォンで同じ画像ファイルを表示している場合は「パソコンで表示した場合の大きさ」で対応可能です。サンプルサイトもレスポンシブデザインですので、パソコンで表示した場合の大きさに縮小します。

■ 画像を縮小するには　Windows　macOS

　サンプルサイトのimg/topフォルダにある、keyv1.jpg ～ keyv3.jpgまでがスライドショーで使用している画像です。これらの画像を横幅940ピクセルに縮小してみましょう。

Photoshopで変更する

1. ［ファイル］→［書き出し］→［Web用に保存］を選択

2. 形式を選び、幅に940と入力して、保存

ペイントで変更する　Windows

1. イメージの［サイズ調整］を選択（図30）

2. 単位はピクセルを選び、幅に940と入力してOKをクリック（図31）

3. 保存

プレビューで変更する　macOS

1. ［ツール］→［サイズを調整］を選択

2. 幅に940と入力して［OK］をクリック

3. 保存

［入門編］

［実践編］

第 2 章　Web ページ画像を最適化していますか？

図30　画像の大きさが表示される

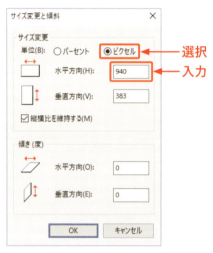

図31　幅の調整

　また、同フォルダにあるimg01.jpg 〜 img07.jpgまでがブログのサムネイル画像です。
続いて、これらの画像も横幅122ピクセルに縮小してみましょう。

圧縮しよう

圧縮ソフトを使用する

　サンプルサイトの画像はすべてimgフォルダ内に入っています。これらの画像をまとめて圧縮してみましょう。

Antelope Windows

　Windows用のフリーウェアです。下記URLにアクセスしてダウンロードしましょう。

- **Antelope**

  http://www.voralent.com/ja/products/antelope/

ソフトウェアを起動し、ウィンドウに画像ファイルをドラッグ＆ドロップします。左上の ボタンをクリックするだけで圧縮が開始されます（**図32**）。圧縮されたファイルは、初期状態ではデスクトップのAntelopeフォルダに保存されます。圧縮後の画像をサンプルファイルに上書きしましょう。

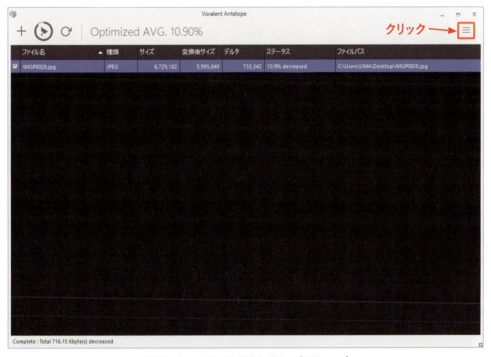

図32　ウィンドウ内に画像をドラッグ＆ドロップ

圧縮設定を変えるには、次ページの**図33**の画面の右上にある をクリックしましょう。
　JPEG、PNG、GIFそれぞれの形式で「非可逆圧縮を有効にする」にチェックを入れると、画質は悪くなりますが、ファイル容量を効率よく減らすことができます。また、GENERAL OPTIONの最適化レベルを低く設定するほど画質が悪くなりますが、そのぶん、ファイル容量が減ります。

図33　設定変更は、右上のマークをクリック

ImageOptim macOS

- ImageOptim

```
https://imageoptim.com/mac
```

　macOS用のフリーウェアです。上記URLにアクセスしてダウンロードしましょう。Webサイトは英語表記ですが、ソフトウェアは日本語化されています。

　<u>ソフトウェアを起動して、ウィンドウ内に画像ファイルや画像ファイルが入ったフォルダをドラッグ＆ドロップ</u>するだけで圧縮が開始されます（**図34**）。圧縮されたファイルは、元のファイルに上書き保存されます。

図34　ウィンドウ内に画像をドラッグ＆ドロップ

　圧縮設定を変えるには、ソフトウェア画面の下部にある歯車のマーク❇をクリックしましょう（**図35の①**）。Qualityタブを開いて、［非可逆圧縮を有効にする］にチェックを入れると（**図35の②**）、JPEG、PNG、GIFの圧縮品質をそれぞれ設定できます。数値を低く設定するほど画質が悪くなりますが、そのぶん、ファイル容量が減ります。

図35　ImageOptimの圧縮設定を変えるには

■ TinyPng Windows macOS

　ソフトウェアのインストールができない場合や、画像を1枚だけ圧縮したい場合は、Webブラウザからアクセスできる TinyPng が便利です。TinyPng という名称ですが、JPEG画像も圧縮できます。一度に20個、各5MBまでの画像を圧縮できます。

1. 下記のURLにアクセスする
- TinyPng

```
https://tinypng.com/
```

2. 圧縮したい画像を点線で囲まれたエリアにドラッグ＆ドロップする
　画像をドラッグ＆ドロップすると、すぐに圧縮が始まります。圧縮が終わるまで待ちましょう（図36）。

3. ファイル個別の［download］か、下部にある［Download all］ボタンをクリック（図37）。圧縮された画像がダウンロードされる

図36　線で囲まれたエリアにドラッグ＆ドロップ

図37　downloadをクリック

◆TRY◆ EWWW Image Optimizer（WordPressプラグイン）

- EWWW Image Optimizer

> https://ja.wordpress.org/plugins/ewww-image-optimizer/

　プラグインのファイルをFTPソフトでアップロードするか、WordPressの管理画面上からインストールし、有効化します。このプラグインは、画像圧縮のほかにもJPEGやPNGからWebPへの自動変換にも対応します。WebPを扱う場合には、プラグインの設定変更と.htaccessファイルへの記述が必要になります。事前に調べてから導入しましょう。

 ## 高速化後の状態をチェックしよう

　最適化した画像をサーバにアップロードし、最適化前の画像ファイルを上書きしましょう。上書き後にPageSpeed Insightsでサンプルサイトを測定します（**図38**）。スコアが83点から94点に改善しました。

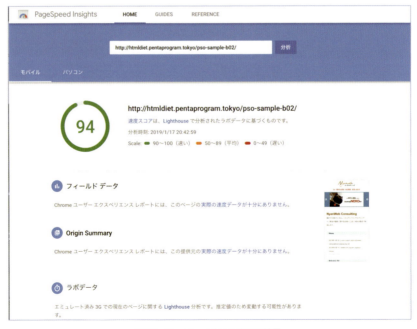

図38　PageSpeed Insightsの結果

さらに、サンプルサイトをGoogle Chromeで開き、Chrome DevToolsでも確認します。Networkタブを開き、リロードして、ページの合計ファイル容量を確認してみます。

改善前の状態は、24MBだったファイル容量が390KBまで減りました（**図39の①**）。Loadは4.96（秒）から539（ミリ秒）まで減らすことができました（**図39の②**）。

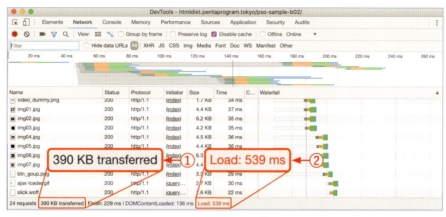

図39　ページの合計ファイルサイズを確認

携帯回線の転送速度をエミュレーションしてみよう

それではここで、Fast 3Gに変更してリロードしてください（**図40の①**）。Loadを2.2m（分）から7.57s（秒）まで減らすことができました（**図40の②**）。スピードが遅い回線を使用している場合、ファイル容量を小さくすることで読み込みにかかる時間が特に大きく改善されることがわかりました。確認が終わったら、Onlineに戻します。

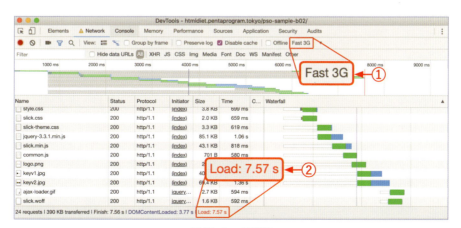

図40　Loadを確認

第 3 章

テキストファイルを
どこまで圧縮できる？

［入門編］

［実践編］

第 **3** 章 テキストファイルをどこまで圧縮できる？

【入門編】
テキストファイルを
圧縮しよう

　テキストファイルを圧縮すると、ファイル容量を削減できます。画像と同じように、テキストファイルもファイル容量が小さいほど速くダウンロードできるようになります。CSSファイル、JavaScriptファイル、さらにはHTMLファイル、さらにはWebフォントなど、テキスト形式であればさまざまなファイルが圧縮可能です。

　本書ではMinifyとgzip圧縮の2つのテクニックでテキストファイルの容量を減らします。特にMinifyは定番のテクニックですが、実は残念ながらテキストファイル内の改行やコメントを削除したからといって、劇的にダウンロードが速くなることはありません。画像の最適化と比べれば、テキストファイルの圧縮で削減できるデータ量はわずかなものです。まずは画像の最適化を行い、その後、さらなる改善に取り組みたい場合に、テキストファイルの圧縮をお勧めします。

Minify

　HTML、CSSやJavaScriptファイル内にて、読みやすいように改行を入れたり、コメントを残したりすることがありますが（**コード1**）、これらはWebページとして表示される段階では不要になるものです。これらの記述を削除することをMinifyと言います（**コード2**）。不要な記述を削除することでファイル容量を減らすことができ、より速くダウンロードできるようになります。

　HTMLファイルをMinifyしてしまうと管理の手間が増えますので、今回はCSSファイルとJavaScriptファイルだけをMinifyします。

コード1　Minify前のコード例

```
/*-------------------------------------------------------
コメント
-------------------------------------------------------*/
body#ism.index .keyv_l .inner_l{
  background: url(/img/ism/keyv.jpg) left top no-repeat;
}
.lay105 {
```

58

```
  margin-top: 40px; /* コメント */
}
.lay105 dt, .lay105 dd {
  padding: 20px 0;
}
```

コード2　Minify後のコード例

```
body#ism.index .keyv_l .inner_l{background:url(/img/ism/keyv.jpg) left top ⇨
no-repeat}.lay105{margin-top:40px}.lay105 dt,.lay105 dd{padding:20px 0}
```

Minifyするには

　Minifyできるソフトウエアやオンラインサービスの中でも、CSS Minifier（図1）とJavaScript Minifier（図2）はとてもシンプルな操作で圧縮を行えます。どちらもコードを貼り付けてボタンをクリックするだけでMinifyできます。

- **CSS Minifier** `Windows` `macOS`

https://cssminifier.com/

図1　CSS Minifier

- JavaScript Minifier Windows macOS

> https://javascript-minifier.com/

図2　JavaScript Minifier

■ JavaScriptファイルをMinifyする際の注意点

　JavaScriptの記述方法によっては、Minifyすることによってうまく動かなくなってしまうこともあります。自信がない場合は、Minify作業を行わなくても問題ありません。

　JavaScriptの場合、行の末尾の；(セミコロン) を省略すると、Minify時に改行が削除されることで前後の行がつながった状態になってしまいます。Minify前は、セミコロンが省略されていてもブラウザが自動的にセミコロンを補完して実行してくれますが、圧縮後はブラウザによってセミコロンを自動的に補完できなくなりますので、JavaScriptプログラムが動かなくなります。

- 圧縮前

```
$('body, html').animate({ scrollTop: 0 }, 500)    ← セミコロンが省略されている
return false;
```

- 圧縮後

```
                                              前後の行がつながってしまう
$('body, html').animate({ scrollTop: 0 }, 500)return false;
```

60

gzipで圧縮配信しよう

2つめに紹介するテキストファイルの圧縮テクニックは、gzip配信です。

テキストファイルをサーバ上で自動的に圧縮して配信します。Minifyと同じ「圧縮」という言葉で表現されますが、異なるアプローチです。gzipで配信すると、Minifyした状態から、さらにファイル容量を減らすことができます。レンタルサーバによっては、初期設定としてこの圧縮配信を設定済みの場合があります。

gzip圧縮配信するには

「.htaccess」というファイルを、gzip圧縮を有効にしたいサーバ内に設置することで、gzip圧縮を有効にできます。下記のコードのように、.htaccessファイル内でmod_deflateという圧縮モジュールを有効にします。

```
# mod_deflate（gzip圧縮配信）の設定
<IfModule mod_deflate.c>
  AddOutputFilterByType DEFLATE text/html text/plain text/xml text/css text/javascript ⇨ application/javascript
</IfModule>
```

ファイルを1つにまとめると……？

「複数のファイルを1つにまとめる」というのも、よく知られた高速化テクニックです。ただし、後述しますが、これは過去のテクニックですので、今後は有効性が低くなります。

■ どうしてファイルをまとめると速くなるのか？

ページ内で複数のファイルを呼び出している場合、それらのファイルをダウンロードするために、何度もサーバと通信を行う必要があります。複数のファイルを1つにまとめると、一度きりの通信でダウンロードできるため、何度もサーバと通信する必要がなくなり高速化につながります（**図3**）。

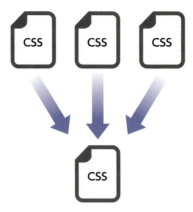

図3　複数ファイルを1つにまとめる

■ 画像もひとまとめにしよう

　テキストファイルだけではなく、画像に関しても複数の小さな画像ファイルを1つにまとめて高速化につなげるテクニックはCSSスプライトとして知られています。Webサイト内で使うアイコンなどの複数の画像を1つの画像ファイルにまとめ、CSSでそれらを出し分けるというテクニックです。

　また、画像ファイルは通常は外部ファイルとしてHTMLから呼び出しますが、これをBase64という形式でエンコード（変換）して文字列としてHTML内に直接埋め込む、画像のインライン埋め込みというテクニックも使われました。画像をHTML内に埋め込むことで、画像とHTMLのデータを一度にダウンロードできるようになり、早く表示されるようになります。ただし、Base64エンコーディングすることでファイル容量が元の画像ファイルより増えてしまうという欠点もあります。

```
<img src="img/sample.png" alt="通常の画像埋め込み例">

<img src="data:image/png;base64,iVBORw0KGgoAAAANSUhEUgAAAQAAAAEACAYAAABccqhmAAAgAElEQVR4Xu19D
ZRlVXXm3ve+arqmoEmCeIEifgDJsQYhha1BbEwTb337q1qUSgQBBIzOpkx45pkzKxZs2KMP3HWrJmszJpZ25ZeZxJhuqp
susKG7znlV1Y2WiqBo+0P8/4GgGUITQ4PwCrqq3g3t2zdnELy/6rd+4777193tt3L3LRdInZ99vu+875679tYDuE5gW3B
btp1x2mmnXQUA1xHRaxHxNNCJ6G5wLrlCCjBG/lWXZe2u12qc6bFLfdod9O3IIeEcRqFarpyHiKAcn/9z3ckMTKVyycyD
USP7sDMVgD4kkvYNDjI1fT8R//+agA43jaFvY4xhwdCnjQioALQH5t0kmSVyD    (省略)..."  alt="画像のイン
ライン埋め込み例">
```

　これらのテクニックはよく使われていましたが、表示を速くできる反面、更新管理する際に手間が増えてしまうという欠点がありました。

変わるHTTP通信

2019年現在、これらの「複数ファイルを1つにまとめると速くなる」というテクニックは過去のものとしてお伝えするほうが良い状況になってきました。その理由は、通信方式が進化しているからです。

WebサイトはHTTPという通信プロトコル（通信方法）によって配信されています。WebサイトのURLに含まれる文字列としても「http://」はみなさんご存じと思います。2015年、そのHTTPプロトコルがHTTP/2にアップデートされ、だんだんとHTTP/2での通信が主流になってきています。

今までのHTTP/1では、一度の接続につき1つのファイルしかダウンロードできませんでした。このためブラウザは、サーバに対して同時に複数の接続を同時に行うことで、複数のファイルを並行してダウンロードしていました。しかしながら、ブラウザが同時に接続できる数には制限があり、多くの場合は最大で6しか同時に接続できませんでした。

同時に接続できる数に制約があるため、複数のファイルを1つにまとめてしまう方がファイルの内容を早くダウンロードできました。また、接続数が多いとサーバに負荷がかかりますので、ファイルをまとめることでサーバへの負荷を減らすことができました。

しかしながら、HTTP/2では、1回の接続で複数のファイルをダウンロードできるようになります。1回の接続で複数のファイルを同時にダウンロードできるのであれば、わざわざファイルを1つにまとめる必要はありません。

しかも、1回の接続で複数のファイルをダウンロードできる場合、むしろファイルを分けてしまったほうが、それぞれの内容を速くダウンロードし終わって表示できる可能性があります。

ただし、テキストファイルを分割し過ぎると制作時に見通しが悪くなり、HTML内での記述行も増えていくという別の問題もありますので、意図的に分割する必要はありません。HTTP/2では、わざわざ1つにまとめる必要はないということです。

HTTP/2通信を導入するには

それでは、この便利なHTTP/2通信はどのように導入すれば良いのでしょうか。HTTP/2はサーバの技術のため、現在HTTP/2に対応していないサーバを利用している場合は、HTTP/2に対応しているサーバに乗り換える必要があります。

ただし、サーバ業者もHTTP/2への対応を随時進めており、契約時にはHTTP/1だった場合でも、現在はHTTP/2に対応している可能性があります。実践編では、現在使用しているサーバがHTTP/2に対応しているか見分ける方法を解説しています。

また、HTTP/2を利用したい場合は、実質的に常時SSLでの暗号化が必須です。

Webサイトにアクセスした際に、URLが常に「https://」で始まる場合は常時SSLに対応していますが、「http://」で始まる場合は常時SSL化されていませんので、常時SSLへの対応が必要になります。

テキストファイルを圧縮して高速化した結果

　サンプルサイトの場合、PageSpeed Insightsのスコアが94点から（**図4**）、なんと100点になりました（**図5**）。もう100点なので、これから先のテクニックは必要ないのでは、と思われるかもしれません。サンプルサイトは幸運にも満点になりましたが、Webサイトの構成やサーバ環境によってはこれまでのテクニックだけでは十分に高速化できないことがあります。そのような場合には、次章で紹介するテクニックをぜひ試してください。

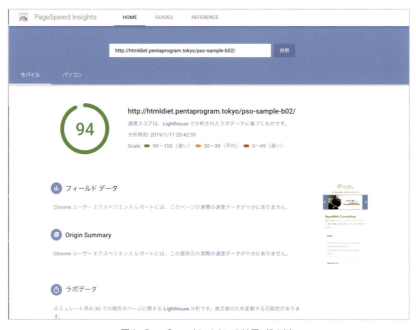

図4　PageSpeed Insightsの結果（94点）

64

図5　PageSpeed Insightsの結果（100点）

■ 自動でMinifyしたい

　CSSやJavaScriptファイルをひんぱんに変更する場合、変更があるたびにMinify作業をするのはたいへんだと感じられるかもしれません。上級者向けではありますが、DreamweaverのCSSプリプロセッサー機能や、その他のタスクランナーと呼ばれるツールを導入することで、CSSやJavaScriptのMinifyを自動で行うことができます。

■ Minifyしたファイルを元に戻したいときは

　一度Minifyしたファイルは元に戻せません。このため、Minifyする際は、慣例的に元のファイル名にminという名前を足して、新しくファイルを作成します。たとえば、元のファイルがstyles.cssの場合は、styles.min.cssとします。

　前任者から運用を引き継いだWebサイトの場合は、Minify後のファイルはサーバにあるけれども、Minify前のファイルが見当たらないといったことも起こり得ます。そのような場合は、ソースコード整形サービスを利用してみましょう。一般に、ソースコードの整形をBeautify、ソースコードを整形するサービスをBeautifierと呼びます。

　Beautifierの1つである「Dirty Markup」を利用すると、ソースコードをコピー＆ペーストしてCleanボタンをクリックするだけで適切な改行やインデントが自動的に挿入され、読みやすく整形できます。ただし、コメントは復元できません。

- **Dirty Markup**

http://www.dirtymarkup.com/

圧縮したのに遅くなったら

テキストファイルの圧縮で得られる削減効果は限定的ですが、それでも、たくさんの人がWebサイトにアクセスする状況であれば、積もり積もって通信にかかる負荷を減らすことになります。

Webサイトの表示速度は、アクセスする瞬間の回線やサーバの混み具合、そして閲覧しているパソコンの使用状況といった不確定な要素に常に影響を受けていますので、わずかな削減の場合はそれらの不確定要素を上回るほどには表示速度に大きな影響を与えない可能性があります。

また、サーバの性能によっては、圧縮処理をかけると負荷がかかり、かえって遅くなってしまうこともあります。昨今のレンタルサーバは充分な性能を備えていますので、気にしなくて良いのですが、仮に想定したよりも効果が得られなかった場合、.htaccessからmod_deflate設定を削除してみましょう。あまりにはっきりと遅くなるようであれば、Webサイトを配信するにあたって充分な性能を持っていないと言えます。最新スペックのサーバへ引っ越しましょう。

スリムなCSSを書いてみよう

さらなるCSSファイルの圧縮、そして高速化テクニックとして、スリムなCSSを書くというテクニックもあります。スリムなCSSを書くと、文字量を減らせます。さらに、わずかながらブラウザ上での解析にかかる負荷も減らすことができ、表示が速くなります。ただし、CSSの書き方にはさまざまな手法があるほか、チームのコーディングルールによって書き方が定められている場合があります。この手法で削減できる文字量にも限りがありますので、もしどうするか迷ったらヒントにする程度で問題ありません。

■ 階層を浅く書く

CSSは、階層が深くなれば深くなるほど、文字量が多くなります。

```
body #wrapper div.content .text-atttention{
  color: #f00;
}
```

テキストファイルを圧縮しよう

下記のように簡潔に書きましょう。

```
.text-atttention{
  color: #f00;
}
...
```

■ ショートハンドを使う

CSSで値を個別に指定するのではなく、ショートハンドを使うと短く記述できます。

```
.background-red{
  background-color: #f00;
  background-image: url("img/bg-red.png");
  background-position: left top;
}
```

ショートハンドを使うと、こうなります。

```
.background-red{
  background: #f00 url("img/bg-red.png") left top;
}
```

［入門編］

［実践編］

【実践編】プロのテキストファイル圧縮テクニック

実践編では、CSSファイルとJavaScriptファイルを圧縮します。

Minifyしてみよう

CSS MinifierとJavaScript Minifierを使って、本書のサンプルサイトのCSSファイルとJavaScriptファイルをminifyします。この章で説明する内容は、Windows、macOS環境で共通です。

■ CSSをminifyする

サンプルサイトのCSSをMinifyしてみましょう。

1. 下記のURLにアクセスする

```
https://cssminifier.com/
```

2. Input CSSにminifyしたいCSSをコピー＆ペーストする

サンプルサイトのindex.htmlでは下記のように5つのCSSを読み込んでいます。

```
<link rel="stylesheet" href="css/reset.css">
<link rel="stylesheet" href="css/mixin.css">
<link rel="stylesheet" href="css/style.css">
<link rel="stylesheet" href="css/slick.css">
<link rel="stylesheet" href="css/slick-theme.css">
```

これら5つのCSSファイルの内容を、上から順番に、CSS MinifierのInput CSS欄にコピー＆ペーストしましょう。まず、reset.cssをテキストエディタで開き、すべてを選択してコピーし、CSS MinifierのInput CSS欄にペーストします（**図6**）。次にmixin.cssをテキストエディタで開き、同じようにコピーし、先ほどペーストしたreset.cssの下にペーストします。残りの3つのCSSファイルも、同じように先にペーストした内容の下にコピー＆ペーストします。

プロのテキストファイル圧縮テクニック

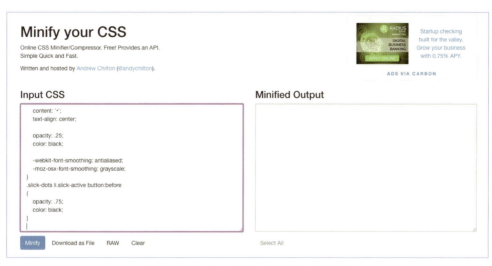

図6　MinifierのInput欄にコピー＆ペーストする

3. Minifyボタンをクリック

すべてペーストし終えたら、［Minify］ボタンをクリックします（**図7**）。

図7　［Minify］ボタンをクリック

4. CSSファイルをダウンロードする

［Download as File］と書かれた部分をクリックしてファイルをダウンロードします（**図8**）。このとき、ダウンロードしたファイルの、名前を「styles.min.css」に変更しておきましょう。

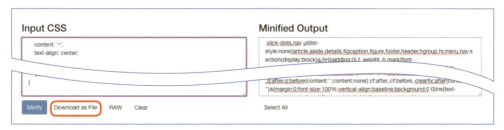

図8　ファイルをダウンロード

69

5. styles.min.cssをcssフォルダに移動する

ファイルがダウンロードできたら、styles.min.cssをサンプルサイトのcssフォルダに移動しましょう。

6. HTMLでMinifyしたファイルを読み込む

サンプルサイトのindex.htmlをテキストエディタで開き、5行あるCSSの読み込みコードを消して、1行にまとめてしまいましょう。

```
<link rel="stylesheet" href="css/reset.css">
<link rel="stylesheet" href="css/mixin.css">
<link rel="stylesheet" href="css/style.css">
<link rel="stylesheet" href="css/slick.css">
<link rel="stylesheet" href="css/slick-theme.css">
```

変更後のCSS読み込みコードは次のようになります。

```
<link rel="stylesheet" href="css/styles.min.css">
```

前後のHTMLも合わせると、このようになります。

```
<title>NyanWeb Consulting | サンプルサイト</title>
<meta name="description" content="猫の手も借りたいなら、ニャンウェブコンサルティングへ。⇨
集客や戦略に関するお困りごとを、NEKO視点で解決します。">
<link rel="stylesheet" href="css/styles.min.css">
<script src="js/jquery-3.3.1.min.js"></script>
<script src="js/slick.min.js"></script>
<script src="js/common.js"></script>
</head>
```

7. 表示を確認する

index.htmlをブラウザで開き、CSSがきちんと適用されているか確認しましょう。

8. index.htmlとstyles.min.cssをサーバにアップロードする

JavaScriptをMinifyする

1. 下記のURLにアクセスする

```
https://javascript-minifier.com/
```

2. **Input JavaScriptにMinifyしたいJavaScriptをコピー＆ペーストする**

   サンプルサイトのindex.htmlでは下記のようにJavaScriptを読み込んでいます。

   ```
   <script src="js/jquery-3.3.1.min.js"></script>
   <script src="js/slick.min.js"></script>
   <script src="js/common.js"></script>
   ```

   さて、これらの3つのJavaScriptファイルを見てみると、「jquery-3.3.1.min.js」「slick.min.js」はファイル名に「min」を含んでおり、すでにMinify済みのファイルであることがわかります。テキストエディタで開いて確かめておきましょう。Minifyされていないのはcommon.jsだけですので、これをテキストエディタで開き、すべてを選択してコピーして、JavaScript Minifierの［Input JavaScript］にペーストします。

3. **Minifyボタンをクリック**

4. **JavaScriptファイルをダウンロードする**

   ［Download as File］と書かれた部分をクリックしてファイルをダウンロードします。このとき、ファイル名を「common.min.js」に変更しておきましょう（図9）。

図9　common.min.jsとして保存

5. **common.min.jsをjsフォルダに移動する**

   ファイルがダウンロードできたら、サンプルサイトのjsフォルダに移動します。

6. HTMLでminifyしたファイルを読み込む

index.htmlを開き、common.jsをcommon.min.jsに書き換えましょう。

```
<script src="js/common.min.js"></script>
```

前後のHTMLも合わせると、このようになります。

```
<title>NyanWeb Consulting | サンプルサイト</title>
<meta name="description" content="猫の手も借りたいなら、ニャンウェブコンサルティングへ。⇨
集客や戦略に 関するお困りごとを、NEKO視点で解決します。">
<link rel="stylesheet" href="css/styles.min.css">
<script src="js/jquery-3.3.1.min.js"></script>
<script src="js/slick.min.js"></script>
<script src="js/common.min.js"></script>
</head>
```

7. 表示を確認する

index.htmlをブラウザで開き、問題なく表示されるか確認しましょう。

8. index.htmlとcommon.min.jsをサーバにアップロードする

mod_deflateでgzip配信しよう

次に、Webサーバの設定を変更して、テキストファイルをより小さなファイル容量でダウンロードできるようにします。

■ すでに設定されていないかをチェック

レンタルサーバによっては、圧縮配信モジュールmod_deflateがすでに有効化されている場合があります。設定が重複しないように、チェックしてみましょう。

1. サンプルサイトを開き、Chrome DevTools（検証ツール）を立ち上げる

サーバ上にあるサンプルサイトをGoogle Chromeで開き、右クリックのメニューから［検証］を選びます。F12キーを押すことでも起動できます。

2. Chrome DevTools（検証ツール）の［Network］タブを開いてから、ページをリロードする（図10）

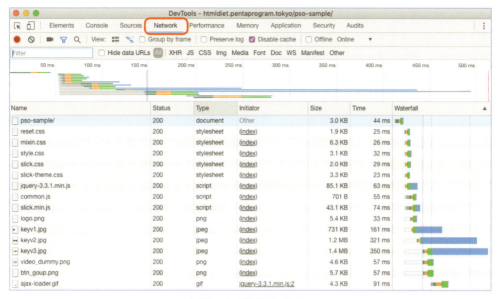

図10　ページをリロードする

3. リストの中の、サイトのURLやフォルダ名をクリックする

リロードすると、リストにファイルが並びます。その中のURLやフォルダ名にあたる行をクリックしてみましょう（**図11**）。

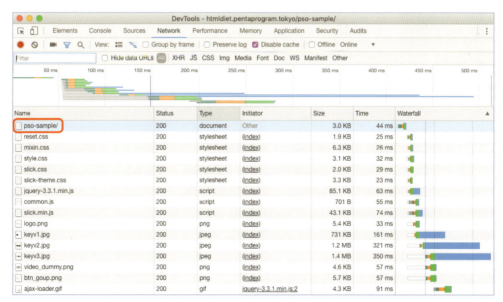

図11　サイトのURLをクリック

4. Response Headersを見てみる

右側にあるHeadersタブ（**図12の①**）のResponse Headersという項目の中にある、[Content-Encoding:]という項目（**図12の②**）を探しましょう。

→Content-Encoding: gzipと表示されている場合

すでに圧縮配信が設定されています。

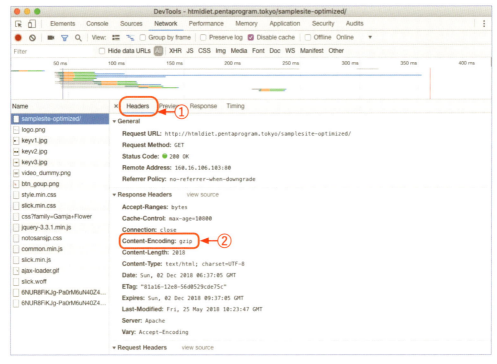

図12　Content-Encoding: gzipの表示

→Content-Encoding: gzipが見当たらない場合

Content-Encoding: gzipの表記が見当たらない場合、次のステップに進んで設定してみましょう（**図13**）。

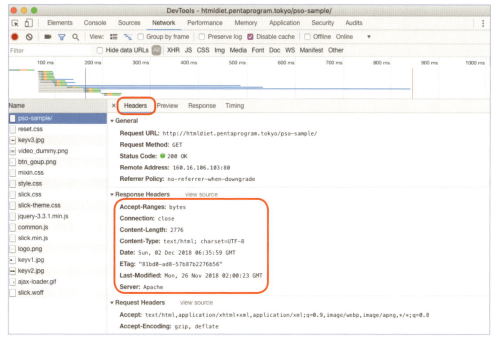

図13　gzipが見当たらない場合次のステップへ

設定してみよう

　それでは、Webサーバに.htaccessを設置して、mod_deflateを設定してみましょう。

　「.htaccess」ファイルは、設置されたディレクトリ（フォルダ）と、その配下にあるすべてのディレクトリの設定を変更します。また、設定を間違えてしまうと、Webサイトが正常に表示されなくなってしまう可能性があります。このため、運用中Webサイトに初めて設定する場合は、まずテスト用のディレクトリを作成して、その中で試すことをお勧めします。今回はサンプルサイトにアップロードしますので、そのまま試せます。

1. サーバに.htaccessがあるかを確認する

　サーバにFTPソフトでアクセスし、.htaccessというファイルがあるかどうかを確認します（**図14**）。

→ .htaccessがない場合

FTPソフトでサーバに新規ファイルを作成し、名前を「.htaccess」に変更しましょう。FTPソフト上でサーバにファイルを新規作成する方法がわからない場合は、パソコン上に「htaccess.txt」という名前の新規テキストファイルを作成します。テキストファイルの中身は空のまま、FTPソフトでアップロードします。アップロードしたら、ファイル名を「.htaccess」に変更します。

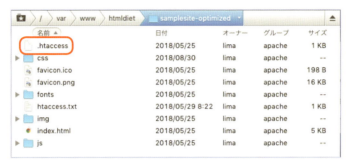

図14　htaccessファイルの確認

2. .htaccessに設定を追記する

.htaccessファイルをテキストエディタで開き、下記の内容を追記します。新規にファイルを作成した場合は、1行目から記述してください。

```
# mod_deflate(gzip圧縮配信)の設定
<IfModule mod_deflate.c>
  AddOutputFilterByType DEFLATE text/html text/plain text/xml text/css text/javascript ⇨
application/javascript
</IfModule>
```

もしサーバでmod_deflateというモジュールが有効だったら、各ファイルを圧縮するという設定内容です。長くて打ち込むのが少したいへんです。サンプルファイルのフォルダ内にある「htaccess-b03.txt」を開き、その内容を.htaccessにコピー＆ペーストしましょう。

3. 設定できているか確認する

Chrome DevTools（検証ツール）で、gzip配信が有効になっているか確認します。1つ前の項目、「すでに設定されていないかをチェック」と同じように確認してみましょう。

■ gzip圧縮できていない場合

　サーバによっては、設定変更を許可していない場合や、gzip圧縮配信するためのmod_deflateモジュールがインストールされていない場合もあります。インストールされていない場合、一般的なレンタルサーバは利用者がmod_deflateを追加でインストールできないようになっていますので、残念ながらこのテクニックは使用できません。

高速化後の状態をチェックしよう

　それでは、PageSpeed Insightsでサンプルサイトを測定してみましょう（**図15**）。

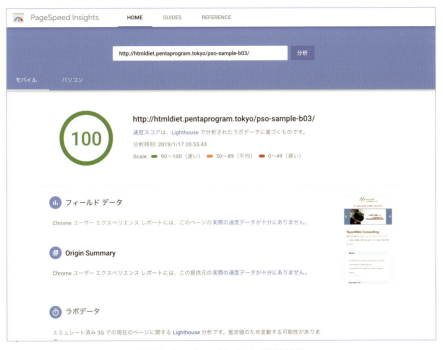

図15　PageSpeed Insightsの測定結果

　なんと、100点になりました。さらに、Chrome DevTools（検証ツール）で速さを確認します。Networkタブを開き、リロードして、合計ファイル容量とロード時間を確認します（**図16**）。

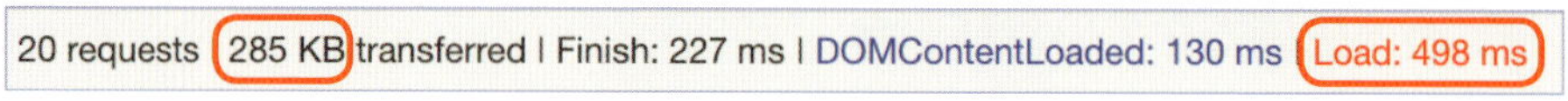

第 **3** 章 テキストファイルをどこまで圧縮できる？

```
20 requests  285 KB transferred | Finish: 227 ms | DOMContentLoaded: 130 ms  Load: 498 ms
```

図16　ページの合計ファイル容量を確認

改善前の状態は、390KBだったファイル容量が285KBまで減りました。画像の最適化ではMB単位で大幅にファイル容量が減りましたが、この章では105KBの減少でした。それでも割合で見ると、約26％の削減になりました。Loadは539ms（ミリ秒）から498ms（ミリ秒）まで減らすことができました。

■ 携帯回線の転送速度をエミュレーションしてみよう

それではここで、Fast 3Gに変更して、リロードしてください。Loadを7.57s（秒）から5.77s（秒）まで減らすことができました（**図17**）。確認が終わったら、Onlineに戻しておきましょう。

```
20 requests | 285 KB transferred | Finish: 5.77 s | DOMContentLoaded: 1.98 s  Load: 5.77 s
```

図17　Loadを確認

■ ⏞TIP サーバがHTTP/2に対応しているか見分ける方法

本章の入門編で、サーバがHTTP/2に対応していれば、複数のファイルをひとつにまとめる必要がないことに触れました。実践編では、サーバがHTTP/2に対応しているかを手軽に見分ける方法を紹介します。

SSLで接続しているWebサイトであれば、Chrome DevTools（検証ツール）で調べられます。なお、HTTP/2に対応しているサーバであっても、SSLで接続していない場合はhttp/1.1と表示されてしまいます。アクセスしているURLがhttps://から始まっているかどうかを確認しておきましょう。

1. WebページをGoogle Chromeで開く

調べたいサーバ上にあるWebページを開きます。

2. Chrome DevToolsのNetworkタブを開く

ページ上で右クリックして検証を選ぶか、F12キーを押して、Chrome DevTools（検証ツール）を開きます。さらに、[Network] タブを開きます（**図18**）。

プロのテキストファイル圧縮テクニック

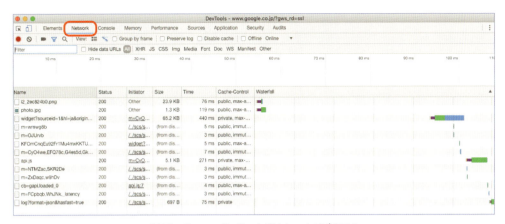

図18　Chrome DevToolsのNetworkタブを開く

3. 項目名を右クリックして、Protocolを選ぶ

Name、Status、Sizeなどの項目名が書かれた部分を右クリックして、［Protocol］を選択します（**図19**）。

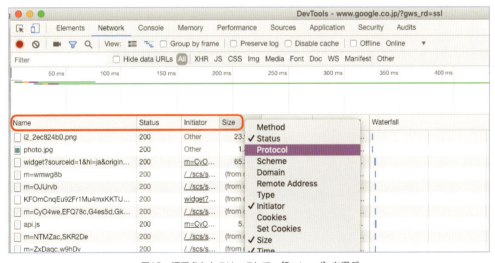

図19　項目名を右クリックして、［Protocol］を選ぶ

4. Protocol欄の値をチェックする

Protocol欄にh2と書かれていればHTTP/2に対応しています（**図20**）。Protocol欄にhttp/1.1と書かれている場合はHTTP/2に対応していません（**図21**）。

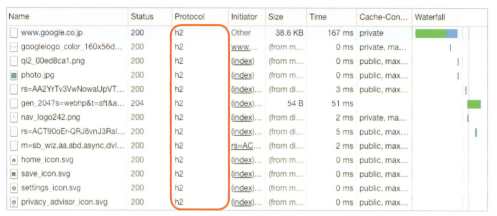

図20　Protocol欄の値にh2と表示

図21　Protocol欄の値が1.1

　h2とhttp/1.1の表示が混在している場合は、1つのページ上から複数のサーバに接続していることが考えられます。メインのサーバがHTTP/2に対応していればよいでしょう。

第 **4** 章

Webページを
さらに速くする方法

［入門編］

［実践編］

【入門編】
体感的に速くする技術とは

 ## Webページのぱっと見を速く感じさせるには

　この「体感的に速くする技術とは」で紹介するテクニックは、他の章で説明したものと比べると、難易度が高くなっていますので、制作者にかかる負荷も高くなります。また、必ず行わなければならない対策ではありません。画像の縮小や圧縮は必ず実施していただきたい対策ですが、この章は、それらを行った上で、さらにWebページを速く描画させたいという方に送る、定番テクニックです。

 ## ファーストビュー&アバブ・ザ・フォールド

　「ファーストビュー」や「Above the fold（アバブ・ザ・フォールド）」という単語を聞いたことがあるでしょうか。これらはどちらも同じような意味合いで、ページを表示した際にスクロールせずに見える範囲を表しています（図1）。

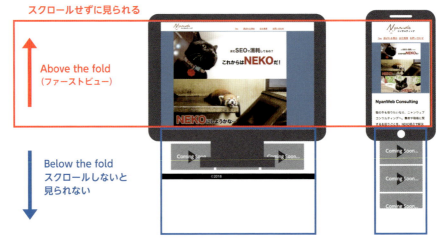

図1　Above the fold

ページにアクセスしたときに、ファーストビューの範囲内にあるコンテンツの表示が遅いと、気になります。ファーストビューよりも下にあるコンテンツであれば、スクロールしない限り見えませんので、表示が遅くても気になりません。そこで、ファーストビューをそれよりも下の領域よりも優先して表示させることで、体感的に早く表示されたように見えるようにするテクニックを紹介します。

　ファーストビューの範囲は見る人の環境によって異なりますが、パソコンの場合は1920×1080ピクセル、スマートフォンの場合は375×667ピクセルが目安です。

　すでにWebサイトを運用していて、Googleアナリティクスを導入している場合は、どの解像度で多く見られているかを調べることができます。解像度を調べたいWebサイトのプロパティを開き、［ユーザー］→［テクノロジー］→［ブラウザとOS］をたどると、どのような解像度でページが閲覧されているのかわかります（**図2**）。

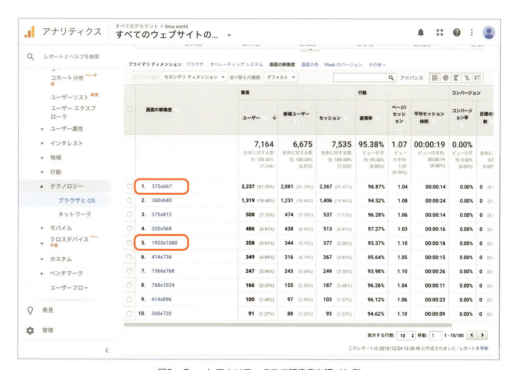

図2　Googleアナリティクスで解像度を調べた例

　この例では、スマートフォンでは375×667、パソコンでは1920×1080の解像度で見ている方が多いようです。

JavaScriptの配信を最適化しよう

JavaScriptの多くは、ファーストビューのレンダリング（描画）には直接的に影響しません。たとえば、スクロールしたらアニメーションで上に戻るボタンが出たり、一定時間を待つとスライドショーが動いたりするような動作の実行にJavaScriptは使われます。

ところが、ページ内でJavaScriptが読み込まれていると、JavaScriptの解析がすべて終わるまで、ブラウザはページ全体のレンダリングを止めてしまいます[注1]。つまり、ブラウザがページをレンダリングし始めるのは、JavaScriptファイルをすべてダウンロードして解析し終わったあとになります。

そこで、JavaScriptの処理を後回しにしてみましょう。JavaScriptを後回しにすると、ブラウザはJavaScriptの解析が終わるのを待つことなく、HTMLファイル内に記述されている文章や画像などの基本的なコンテンツの表示に全力を注ぐことができるようになります（図3）。

こうすることで、ページを見ている人に、より早くテキスト、画像、レイアウトなどの基本的なコンテンツを見せることができます。

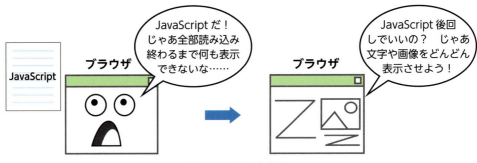

図3　JavaScriptを後回し

defer属性で後回しにしよう

JavaScriptファイルをheadタグ内で読み込みます。

```
<script src="js/jquery-3.3.1.min.js"></script>
```

この読み込み部分に、defer属性（ディファー）を書き足します。

```
<script src="js/jquery-3.3.1.min.js" defer></script>
```

注1　「JavaScriptが描画を止める」ことを、一般的に「JavaScriptはレンダリングをブロックする」と言います。

これだけで完了です。defer属性を書き足すことで、ブラウザはJavaScriptを後回しにして、すぐに文字や画像などのレンダリングを始めます。そして、それらのコンテンツを表示させたあとに、defer属性がついているJavaScriptを上から順に実行します。defer属性を使わない場合と比べて、より早い段階で文字や画像をブラウザ上に表示を始められます。

async属性で非同期に読み込もう

ほかには<u>async属性</u>もあります。もともとこのように記述されていた場合は、

```
<script src="js/hoge.js"></script>
```

このように記述すると、

```
<script src="js/hoge.js" async></script>
```

ブラウザはJavaScriptの解析が終わるのを待つことなく、基本的なコンテンツの表示を始められます。

defer属性とasync属性の違い

defer属性を使用すると、コンテンツがすべて読み込まれるまで待ってからJavaScriptの処理を行います。また、defer属性が与えられているJavaScriptはHTML内に記述されている順に上から実行されます。

async属性を使用すると、コンテンツがすべて読み込まれているかどうかとは無関係（非同期）に、JavaScriptの処理を随時行います。また、複数のファイルにasync属性が記述されている場合は、その順序にかかわらず、読み込みが完了したものから実行します。

defer属性は基本的なコンテンツがそろうまで待つのに対して、async属性ではそれを待たずに随時実行します。このため、軽いJavaScriptであれば、async属性を使う方がJavaScriptを早いタイミングで実行できる可能性が高くなります。こう書くと、async属性の方が優れているように見えますが、jQueryなどのライブラリやプラグインを使う場合は、必ずjQueryなどの本体が読み込まれたあとにプラグインのスクリプトを読み込んで実行する必要があります。jQueryはたくさんのWebサイトで採用されていますが、これらは順番どおりに読み込まないと、エラーが起きてうまく動かなくなってしまいます。asyncは順不同で読み込むため、順番がバラバラになってエラーを起こすことがあります。

また、もしasync属性で重い処理を含むJavaScriptを実行した場合、ブラウザは基本的なコンテンツの処理と平行してJavaScriptも解析するため、基本的なコンテンツの表示に全力を注げません。

他のJavaScriptファイルにまったく依存せず、さらにファーストビューの付近に関連する軽い JavaScriptファイルであればasync属性を使うと良いでしょう。ほかのJavaScriptファイルに動作が 依存する場合や、重いJavaScriptの場合は、defer属性を使いましょう。どちらかわからなければ、 defer属性を使う方が良いです（**注意**：読み込むJavaScript内でDocument.write()メソッドを使用し ている場合、defer属性やasync属性を使用すると、JavaScriptの仕様上、その記述は無視されてし まいます[注2]。そのような場合には使用できませんので注意してください）。

解析タグはそのままでOK

Googleアナリティクスなどの解析タグの記述は、手を加えずにそのままにしておきましょう。 Googleアナリティクスに限らず、各種サービスで「これをそのまま貼ってください」と指示された HTMLタグは手を加えない方が良いです。多くの場合、これらのタグは手を加えなくても非同期で 実行されるように作られています。

CSS配信を最適化しよう

ブラウザがページを描画し始めるのは、通常はCSSファイルをすべてダウンロードして解析し終 わったあとになります。このため、CSSを非同期に読み込むようにすると、基本的なコンテンツを 早く表示できます。

ただし、すべてのCSSの読み込みを非同期にしてしまうと、ページを表示した際に、CSSがまっ たく適用されない状態で文字や画像がズラズラと並んでから、しばらくしてCSSが適用されて見栄 えが整うという妙な状態になってしまいます。これをFOUC（Flash of Unstyled Content）と言いま す（**図4**）。

注2　Document.write()について（https://developer.mozilla.org/ja/docs/Web/API/Document/write）

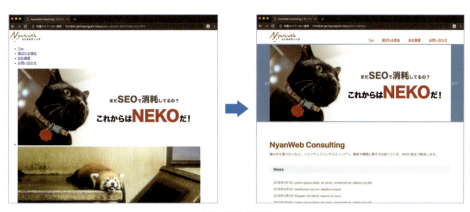

図4　FOUCの例

　このため、まずファーストビューのCSSだけをHTMLファイルのheadタグ内に直接書き込み、CSSファイルを読み込んでいない状態でもファーストビューをうまく表示できるようにします。そして、ファーストビューより下のCSSを非同期に読み込むことで、ファーストビューの描画を速く始められるようにします（**コード1**）。

コード1　HTMLのheadタグ内にファーストビューのCSSを埋め込んだ例

```
<script src="js/common.min.js" defer></script>
<style>
nav ul{list-style:none}header,nav{display:block}a{padding:0}.cf:after{clear:both}body,div,
header,html,img,li,nav,ul{margin:0;padding:0;border:0;outline:0;font-size:100%;vertical-al
ign:middle;background:00}.cf:after,.cf:before{content:" "}a{margin:0;font-size:100%;vertic
al-align:baseline;background:0 0}.cf:after,.cf:before{display:table}html{font-size:62.5%;l
ine-height:150%}.globalHeader,body{background:#fff;line-height:2}body{font-family:-apple-s
ystem,BlinkMacSystemFont,"Helvetica Neue","ヒラギノ角ゴ ProN W3",Hiragino Kaku Gothic ProN
,Arial,Meiryo,sans-serif;font-size:1.6rem}li{list-style-type:none}.globalHeader{padding:10
px 0;border-bottom:solid 4px #4490C3;text-align:center;font-size:1.3rem}.globalHeader .nav
igation{margin-top:10px}.globalHeader .navigation li{display:inline-block}.globalHeader .n
avigation li+li{margin-left:5px}.globalHeader .navigation li a{color:#B8272B}.inner_m{padd
ing-left:20px;padding-right:20px;box-sizing:border-box}.goUp{display:none;position:fixed;b
ottom:30px;right:0}.goUp img{width:100px;height:auto;opacity:.8}body.top.sliderBackground{
background:#247DB7;padding:0 30px;box-sizing:border-box;border-bottom:solid 4px #4490C3}bo
dy.top .slider img{width:100%;height:auto;max-width:980px}
</style>
</head>
```

ファーストビューのCSSを抽出する

　CSS内のどの記述がファーストビューに影響しているかを手作業で切り分けるのは難易度が高く、このため、ファーストビューのCSSだけをHTMLファイル内に直接書き込むのはたいへんな作業になりがちです。そこで、ブラウザ上から使えるCritical Path CSS Generatorを紹介します。

　現在使用しているCSSファイルの内容とページのURLを入力するだけで、ファーストビューのCSSを簡易的に抽出してくれます（**図5**）。完璧な結果は得られませんが、作業の助けになります。

- **Critical Path CSS Generator**

  https://jonassebastianohlsson.com/criticalpathcssgenerator/

図5　Create Critical Path CSSボタンをクリック

CSSの読み込みを非同期にする

　外部のCSSを読み込む際にpreload属性（プリロード）を使うと、レンダリングをブロックせずにCSSを読み込むことができるようになります。

preload属性

CSSの読み込みを下記のように変更すると、preload属性を利用できます。このように書かれているCSSの読み込み部分を、

```
<link rel="stylesheet" href="css/styles.min.css">
```

次のようにします。

```
<link rel="preload" href="css/styles.min.css" as="style">
```

ただし、現時点でこのpreload属性を使えるブラウザは限られています。下記のWebサイトで、preload属性の対応状況を確認できます。2019年4月現在でInternet ExplorerやFirefoxでは非対応となっています。

- **Can I use preload ?**

  https://caniuse.com/#search=preload

このため、preload属性を利用できないブラウザでも対応できるように、ポリフィルと呼ばれるJavaScriptを使って動作を補助する必要があります。具体的な使用方法は本章の実践編で紹介します。

- **loadCSS（ポリフィル）**

  https://github.com/filamentgroup/loadCSS

非同期読み込みで高速化した結果

PageSpeed Insightsのスコアは改善前も改善後も100点と同じスコアになりましたが、「ラボデータ」を見ると違いが出ています（**図6**、**図7**）。全体的に数値が改善されており、ファーストビュー範囲の表示速度を推定した［速度インデックス］の計測結果が、1.9秒から1.1秒まで改善しました。

第 4 章　Web ページをさらに速くする方法

図6　改善前のPageSpeed Insights

図7　改善後のPageSpeed Insights

運用中のWebサイトは、まず1ページから試そう

　Webページの構成によっては、これらの対策による恩恵を感じられないこともあります。既存のWebサイトをこれらのテクニックを使って速度向上させたい場合は、いきなり全ページを書き換え

るのではなく、まず1ページだけテストページを作って試してみましょう。

　ページビューの多いトップページや、特に速度が遅いと気になっているHTMLページを複製して、その中でテストを行いましょう。テストページの中で対策を施し、パソコンやスマートフォンでページをリロードしながら速度を見比べてみます。そして、ツールで速度を測定してみましょう。体感的に効果を感じられず、さらにツールでの点数も改善しない場合は、導入する手間の割には効果が薄い対策と言えますので、導入を見送るべきです。また、WebサイトのCSSやJavaScriptをひんぱんに更新する場合や、ショッピングカートシステムを利用していて多数の外部ファイルを必ず動作するように読み込まなくてはいけないような場合には、無理に導入する必要はありません。

　Dreamweaverのテンプレートシステムを使用している場合は、テンプレート部分はページ単位では変更できないように作られている可能性がありますが、その場合はDreamweaverの［ツール］→［テンプレート］→［テンプレートから切り離す]を選択して、テストページだけをテンプレートから分離するか、DreamweaverではないテキストエディタでHTMLファイルを開くことで、書き換えられるようになります。

(FAQ) HTML内と外部でCSSが重複していてもいいの?

　この章で書いたとおりにCSSの表示を最適化すると、HTML内に直接書かれたCSSと、後から非同期で読み込む外部のCSSとで、CSSの記述内容が重複することになります。重複することで、その重複したデータ分のファイル容量も増えてしまいます。HTML内にインラインで書き込んだCSSの記述内容は、あとから読み込む外部のCSSからは削除する方が理想的だということです。このため、それができる方は、重複しないように作業するのがベストです。

　それでは、なぜこの章で重複する方法を紹介しているかというと、重複しないように作成すると作業の手間が増えてしまうのと、ファーストビュー内のCSSを切り分けていく作業が、初心者・入門者には難し過ぎると判断したからです。また、Webサイト内の一部のページでこの最適化を試す場合には、CSSからファーストビューの範囲内のCSSを削ってしまうと、同じCSSファイルを読み込んでいる他のページに影響を与えてしまいます。

　重複した記述分のデータ量が増えると言っても、画像の最適化で削減できるデータ量と比べれば、CSSの重複で増えてしまうデータ量は微々たるものです。その微々たる増加でページの体感的な表示速度が速くなるのであれば、それは許せる範囲だと考えています。

複数のページではどうするの？

広告用のランディングページを除けば、Webサイトは複数のWebページで構成されます。このため、Webページが複数あるならば、それぞれのページによってページ内に書き込むCSSの内容を変える必要があるのでは、という考えも湧いてきます。

私は、Webサイト内の全ページで同じCSSを書き込んでも良いと考えています。ファーストビューの範囲は、同じWebサイトであれば異なるページでもおおむね同じCSSが適用されていることが多いからです。具体的に言えば、ブラウザのデフォルトスタイルをリセットするためのCSS、背景色と基本の文字色とサイズの設定、ヘッダーナビゲーション、見出しのスタイルがファーストビューに含まれることが多いでしょう（図8）。

図8　同じWebサイト内のファーストビューのパターン例

トップページは特殊なレイアウトになることが多いですが、ヘッダーのデザインやページの背景色、見出しのスタイルなどは、サイト内でパターンとして統一されていることが多いのではないでしょうか。

本来はページごとに、それぞれのファーストビュー内のCSSを探っていくのが理想的です。とは言え、そもそも端末ごとに異なるのがファーストビューですし、人力で厳密にすべてに対応しようとするとかなりの労力を伴います。

そこで、まず、サイト内で統一されているデザイン部分のCSSをすべてのページ内のheadタグ内に書き込んでしまうことで、だいたいのページのファーストビューは網羅できます。また、メンテナンスに関しても、ファーストビューの範囲内のCSSは運用開始して以降はそう頻繁に変わるものではありませんので、一度導入してしまえば大きなリニューアルがない限りは手をいれる必要はありません。

まずテストページで試して、実際の表示速度を比較して、それから取り入れるか考えましょう。「取り入れるほどでもないな」「うちのWebサイトでは管理がたいへんになってしまいそうだな」と感じた場合、バックアップから元に戻せば良いのです。

FAQ 「使用していないCSSの遅延読み込み」が合格にならない

CSSの読み込みを非同期にしているのに、PageSpeed Insightsの「使用していないCSSの遅延読み込み」が合格にならない場合、「使用していないルールをスタイルシートから削除して、データ通信量を減らしてください。」という理由で監査に引っかかっているかもしれません（**図9**）。

図9　使用していないCSSの遅延読み込み

PageSpeed Insightsはページ単位でチェックを行いますので、ページ内で読み込んでいるCSSにそのページで使用されていないCSSのスタイルが含まれている場合、不要な記述が含まれていると判断して、削除するようアドバイスします。

しかしながら、アドバイスどおりに削除してしまうと、Webサイト内の他のページでそのCSSが使用されている場合はそのページの表示がおかしくなってしまいます。このため、アドバイスに従う必要はありません。

ただし、ランディングページなど、すべての要素が1ページで完結しており、他の場所で同じCSSファイルが読み込まれていない場合には、ページで不要な記述は削除したほうが良いでしょう。

Webサイトをユーザの導線で区分けできる場合は、読み込むCSSファイルを分割することもでき

ます。Webサイト全体に共通するCSSと、区分けできるエリアのCSSを分割します。たとえば、企業向けと個人ユーザ向けでWebサイトのコンテンツが分かれている場合には、企業向けのページで個人ユーザ向けのページのCSSを読み込む必要はありませんし、その逆も同じです。そういった場合には、CSSファイルを分割して、それぞれのエリアで使う分だけを読み込むことで、この「使用していないCSSの遅延読み込み」の対策を行えます（**図10**）。

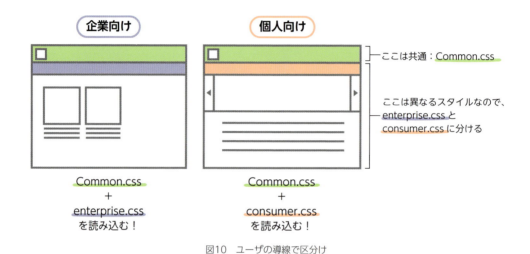

図10　ユーザの導線で区分け

【実践編】
読み込みをチューニングするプロの技術とは

サンプルファイルをバックアップ

　今回は、サンプルファイルに手を加える前に、現状でのバックアップを取っておきましょう。サンプルサイトのindex.htmlを複製して、index_chapter04.htmlなどわかりやすい名前に変更してからサーバにアップロードします。

JavaScriptの配信を最適化しよう

JavaScriptの処理を後回しにしてみましょう。

■ defer属性で後回しにしよう

サンプルファイルindex.htmlのheadタグ内では、3つの外部JavaScriptファイルを読み込んでいます。

```
<script src="js/jquery-3.3.1.min.js"></script>
<script src="js/slick.min.js"></script>
<script src="js/common.min.js"></script>
```

この読み込み部分に、defer属性を書き足します。

```
<script src="js/jquery-3.3.1.min.js" defer></script>
<script src="js/slick.min.js" defer></script>
<script src="js/common.min.js" defer></script>
```

これだけで完了です。

この「CSS配信を最適化しよう」は、少しややこしいです。ぜひサンプルファイルで一度は挑戦

してほしいのですが、もし読んでみて難しそうだと感じたら、今は読み飛ばしてください。

■ ファーストビューのCSSを抽出してみよう

ファーストビューのCSSを抽出するツールはいくつかありますが、今回はブラウザ上から使える「Critical Path CSS Generator」を使ってみましょう。

1. Critical Path CSS Generatorにアクセス

- **Critical Path CSS Generator**

  https://jonassebastianohlsson.com/criticalpathcssgenerator/

2. 高速化したいページのURLを入力（図11）

図11　高速化したいページのURLを入力

「1. URL」にサンプルサイトのURLを入力します。

3. CSSの内容をコピー＆ペーストする

ページで読み込んでいるCSSを「2. FULL CSS」と書かれたCSSの入力欄へコピー＆ペーストします。CSSが複数のファイルに分かれている場合は、すべてのCSSの内容をコピー＆ペーストしましょう。「CSSをMinifyする（P.68）」でサンプルサイトのCSSファイルをMinifyしてい

れば、下記の1つだけ読み込んでいます。

```
<link rel="stylesheet" href="css/styles.min.css">
```

このstyles.min.cssをテキストエディタで開き、内容をCSSの入力欄にコピー&ペーストします（**図12**）。

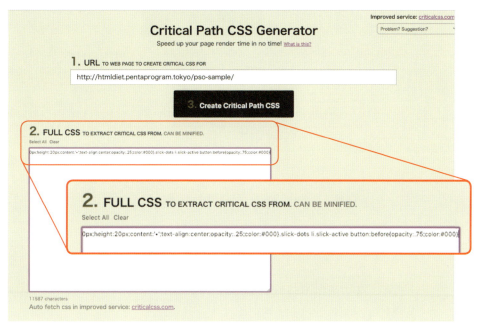

図12　CSSの内容をコピー&ペーストする

4. Create Critical Path CSSボタンをクリック（**図13**）

図13　Create Critical Path CSSボタンをクリック

5. 右側の枠にCSSが出力される（図14）

図14　右側の枠にCSSが出力される

右側に新しい枠が現れ、CSSが1行で出力されます。このCSSが、抽出されたファーストビューのCSSです。選択してコピーしましょう。

6. CSSをHTMLにペーストする

さきほどコピーしたCSSを、index.htmlのheadタグ内にコピーペーストしましょう。それを<style></style>タグで囲みます。前後も含めると、**コード2**のような見た目になります。

コード2　CSSをHTMLにペースト

```
<script src="js/jquery-3.3.1.min.js" defer></script>
<script src="js/slick.min.js" defer></script>
<script src="js/common.min.js" defer></script>
<style>
nav ul{list-style:none}header,nav{display:block}a{padding:0}.cf:after{clear:both}body,d
iv,header,html,img,li,nav,ul{margin:0;padding:0;border:0;outline:0;font-size:100%;verti
cal-align:middle;background:0 0}.cf:after,.cf:before{content:" "}a{margin:0;font-size:1
00%;vertical-align:baseline;background:0 0}.cf:after,.cf:before{display:table}html{font
-size:62.5%;line-height:150%}.globalHeader,body{background:#fff;line-height:2}body{font
-family:-apple-system,BlinkMacSystemFont,"Helvetica Neue","ヒラギノ角ゴ ProN W3",Hiragi
```

```
no Kaku Gothic ProN,Arial,Meiryo,sans-serif;font-size:1.6rem}li{list-style-type:none}.g
lobalHeader{padding:10px 0;border-bottom:solid 4px #4490C3;text-align:center;font-size:
1.3rem}.globalHeader .navigation{margin-top:10px}.globalHeader .navigation li{display:i
nline-block}.globalHeader .navigation li+li{margin-left:5px}.globalHeader .navigation l
i a{color:#B8272B}.inner_m{padding-left:20px;padding-right:20px;box-sizing:border-box}.
goUp{display:none;position:fixed;bottom:30px;right:0}.goUp img{width:100px;height:auto;
opacity:.8}body.top .sliderBackground{background:#247DB7;padding:0 30px;box-sizing:bord
er-box;border-bottom:solid 4px #4490C3}body.top .slider img{width:100%;height:auto;max-
width:980px}@media screen and (min-width:768px){body{min-width:1020px}.globalHeader{tex
t-align:left;font-size:1.6rem;line-height:2;padding:0}.globalHeader .wrapper{width:940p
x;margin:auto;padding:10px 0;position:relative}.globalHeader .navigation{position:absol
ute;right:0;bottom:0}.globalHeader .navigation li{display:block;float:left}.globalHeade
r .navigation li+li{margin-left:2px}.globalHeader .navigation li a{display:block;width:
100%;height:100%;padding:3px 20px}.inner_m{width:940px;padding-left:0;padding-right:0;m
argin-left:auto;margin-right:auto}.goUp{bottom:30px;right:15px}.goUp img{width:180px}}
</style>
</head>
```

そして、この時点でCSSを眺めて「明らかに不要」「明らかに足りない」という記述がわかる場合は、記述を調整してもかまいません。

7. 外部CSSとJavaScriptを外して表示をチェックする

ここで一度、下記の外部CSSの読み込みと、JavaScriptの読み込みを無効にします。

一時的に無効にするだけですので、コメントアウトすると良いでしょう。

```
<!-- <link rel="stylesheet" href="css/styles.min.css"> -->
<!-- <script src="js/jquery-3.3.1.min.js" defer></script> -->
<!-- <script src="js/slick.min.js" defer></script> -->
<!-- <script src="js/common.min.js" defer></script> -->
```

そして、ブラウザで作業中のサンプルサイトを開いて、表示をチェックします。サンプルサイトはレスポンシブデザインですので、スマートフォンを想定した幅と（**図15**）、パソコンを想定した幅でそれぞれ見てみます（**図16**）。

図15 スマートフォンの幅

図16 パソコンの幅

読み込みをチューニングするプロの技術とは

　想定と異なる表示になっています。スライドショーでは1枚目の画像だけが表示されるはずですが、いまはすべての画像が表示された状態になっています。このため、HTML内のstyleタグ内のCSSの末尾に次の記述を加えてみます。スライドショー画像の1枚目以降を非表示にするというCSSです。

```
.slider li:not(:first-child){display:none}
```

　コード3のような形になります。

コード3　CSSの読み込みを遅らせる処理を加えたコード

```
<style>
nav ul{list-style:none}header,nav{display:block}a{padding:0}.cf:after{clear:both}body,div,⇥
header,html,img,li,nav,ul{margin:0;padding:0;border:0;outline:0;font-size:100%;vertical-al⇥
ign:middle;background:0 0}.cf:after,.cf:before{content:" "}a{margin:0;font-size:100%;verti⇥
cal-align:baseline;background:0 0}.cf:after,.cf:before{display:table}html{font-size:62.5%;⇥
line-height:150%}.globalHeader,body{background:#fff;line-height:2}body{font-family:-apple-⇥
system,BlinkMacSystemFont,"Helvetica Neue","ヒラギノ角ゴ ProN W3",Hiragino Kaku Gothic Pro⇥
N,Arial,Meiryo,sans-serif;font-size:1.6rem}li{list-style-type:none}.globalHeader{padding:1⇥
0px 0;border-bottom:solid 4px #4490C3;text-align:center;font-size:1.3rem}.globalHeader .na⇥
vigation{margin-top:10px}.globalHeader .navigation li{display:inline-block}.globalHeader .⇥
navigation li+li{margin-left:5px}.globalHeader .navigation li a{color:#B8272B}.inner_m{pad⇥
ding-left:20px;padding-right:20px;box-sizing:border-box}.goUp{display:none;position:fixed;⇥
bottom:30px;right:0}.goUp img{width:100px;height:auto;opacity:.8}body.top .sliderBackgroun⇥
d{background:#247DB7;padding:0 30px;box-sizing:border-box;border-bottom:solid 4px #4490C3}⇥
body.top .slider img{width:100%;height:auto;max-width:980px}@media screen and (min-width:7⇥
68px){body{min-width:1020px}.globalHeader{text-align:left;font-size:1.6rem;line-height:2;p⇥
adding:0}.globalHeader .wrapper{width:940px;margin:auto;padding:10px 0;position:relative}.⇥
globalHeader .navigation{position:absolute;right:0;bottom:0}.globalHeader .navigation li{d⇥
isplay:block;float:left}.globalHeader .navigation li+li{margin-left:2px}.globalHeader .nav⇥
igation li a{display:block;width:100%;height:100%;padding:3px 20px}.inner_m{width:940px;pa⇥
dding-left:0;padding-right:0;margin-left:auto;margin-right:auto}.goUp{bottom:30px;right:15⇥
px}.goUp img{width:180px}}.slider li:not(:first-child){display:none}
</style>
```

　この変更を保存したあとに、ページをリロードすると、自然な見た目になりました（**図17**、**図18**）。

4

［入門編］

［実践編］

101

図17　スマートフォンの幅

図18　パソコンの幅

外部ファイルなしでもうまく表示されることが確認できましたので、コメントアウトしていた部分を元に戻します。

```
<link rel="stylesheet" href="css/styles.min.css">
<script src="js/jquery-3.3.1.min.js" defer></script>
<script src="js/slick.min.js" defer></script>
<script src="js/common.min.js" defer></script>
```

CSSの読み込みを非同期にしよう

外部のCSSを読み込む際にpreload属性を使うと、レンダリングをブロックせずにCSSを読み込むことができるようになります。preload属性を利用できないブラウザでも対応できるように、ポリフィルと呼ばれるJavaScript、今回はloadCSSを足して補助してあげましょう。

preload属性とloadCSS[注3]を使ってみよう

1. CSSの読み込みを書き換える

現在このように書かれているCSSの呼び込み部分を、

```
<link rel="stylesheet" href="css/styles.min.css">
```

下記のように書き換えます。relの値をstylesheetからpreloadに変更し、as="style"とonload="this.onload=null;this.rel='stylesheet'"を書き加えます。

```
<link rel="preload" href="css/styles.min.css" as="style" onload="this.onload=null;this.r⇨
el='stylesheet'">
```

2. JavaScript無効の場合に対応する

JavaScriptを無効にしているブラウザにもCSSを表示させるために、今書き換えたlinkタグのすぐ下に、noscript対応行を追記します。

```
<link rel="preload" href="css/styles.min.css" as="style" onload="this.onload=null;this.re⇨
l='stylesheet'">
<noscript>
  <link rel="stylesheet" href="css/styles.min.css">
</noscript>
```

注3　loadCSS. [c]2017 Filament Group, Inc. MIT License

3. loadCSSを導入する

サンプルフォルダの中にあるpreload-b04.txtにloadCSSの内容が書かれていますので、テキストエディタで開きます。これからこの内容をHTML内に貼り付けるのですが、そのままではとても行数が多くなってしまいます。改行やコメントをMinifyして取り除き貼り付けましょう。

3-1. preload-b04.txtの内容をすべてコピーする

3-2. JavaScript MinifierでMinifyする

コピーした内容を、JavaScript MinifierのInput JavaScript欄にペーストし、Minifyボタンをクリックします。

- **JavaScript Minifier**

```
https://javascript-minifier.com/
```

3-3. 右側のMinified Output欄をコピーする

Minifyが完了すると、右側のMinified Output欄にコードが表示されますので、それをコピーします。

4. HTMLに貼り付ける

2.で加えた<noscript> 〜 </noscript>の下に、JavaScriptをペーストし、それを<script></script>で囲みます。

これらの作業をすべて終えると、**コード4**のようになります。

コード4

```
<link rel="preload" href="css/styles.min.css" as="style" onload="this.onload=null;this.rel⇨
='stylesheet'">
<noscript>
  <link rel="stylesheet" href="css/style-all.css">
</noscript>
<script>
!function(t){"use strict";t.loadCSS||(t.loadCSS=function(){});var e=loadCSS.relpreload={};⇨
if(e.support=function(){var e;try{e=t.document.createElement("link").relList.supports("pre⇨
load")}catch(t){e=!1}return function(){return e}}(),e.bindMediaToggle=function(t){var e=t.⇨
media||"all";function a(){t.addEventListener?t.removeEventListener("load",a):t.attachEvent⇨
&&t.detachEvent("onload",a),t.setAttribute("onload",null),t.media=e}t.addEventListener?t.a⇨
ddEventListener("load",a):t.attachEvent&&t.attachEvent("onload",a),setTimeout(function(){t⇨
.rel="stylesheet",t.media="only x"}),setTimeout(a,3e3)},e.poly=function(){if(!e.support())⇨
```

読み込みをチューニングするプロの技術とは

```
for(var a=t.document.getElementsByTagName("link"),n=0;n<a.length;n++){var o=a[n];"preload"⇨
!==o.rel||"style"!==o.getAttribute("as")||o.getAttribute("data-loadcss")||(o.setAttribute(⇨
"data-loadcss",!0),e.bindMediaToggle(o))}},!e.support()){e.poly();var a=t.setInterval(e.po⇨
ly,500);t.addEventListener?t.addEventListener("load",function(){e.poly(),t.clearInterval(a⇨
)}):t.attachEvent&&t.attachEvent("onload",function(){e.poly(),t.clearInterval(a)})}"undefi⇨
ned"!=typeof exports?exports.loadCSS=loadCSS:t.loadCSS=loadCSS}("undefined"!=typeof global⇨
?global:this);
</script>
```

高速化後の状態をチェックしよう

　それでは、index.htmlをサーバにアップロードしましょう。サンプルサイトにアクセスして、Chrome DevTools（検証ツール）で計測します（**図19**）。Loadは498ms（ミリ秒）から497ms（ミリ秒）になりました。

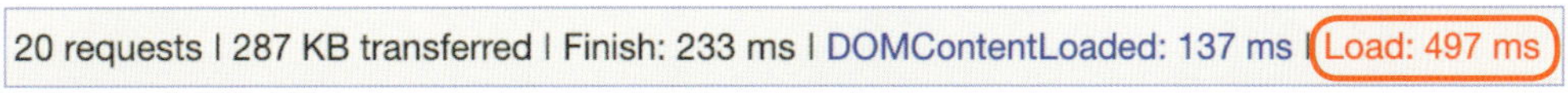

20 requests | 287 KB transferred | Finish: 233 ms | DOMContentLoaded: 137 ms | Load: 497 ms

図19　Loadを確認

どうして速くならなかったのか

　せっかく改善したのに、Loadの数値が変化しないのは、なぜでしょうか。それは、Loadはページの上から下まで全体の表示速度を表しているからです。この章ではファーストビュー内を速く表示させるという最適化を行いましたが、Loadを見てもページ全体の処理速度がわかるだけで、ファーストビューの範囲が体感的に速く表示されたかどうかはわかりません。そこで、Chrome DevTools（検証ツール）のAuditsを使うと、体感的な表示速度がわかるようになります。

Auditsの使い方

1. 計測したいページでChrome DevTools（検証ツール）を開く

2. Auditsタブを開く（図20）

［入門編］

［実践編］

105

第 4 章 Web ページをさらに速くする方法

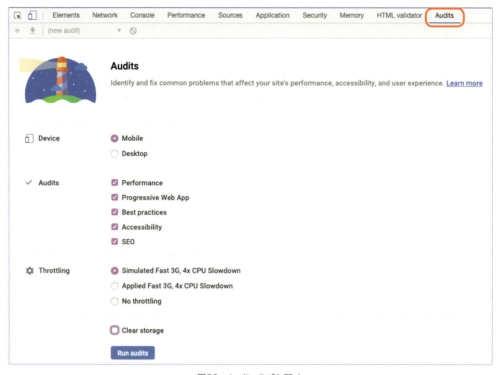

図20　Auditsタブを開く

3. **Throttlingの設定をNo throttlingに変更**

　　3G回線等で接続した場合をエミュレーションする設定ですが、今回はオフにします（**図21**）。

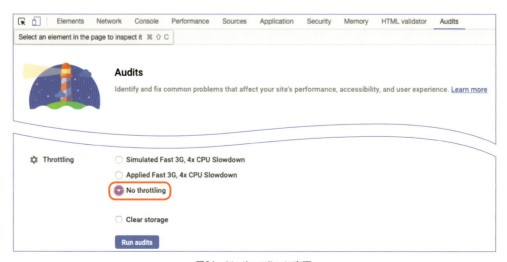

図21　No throttlingに変更

106

4. Clear storageにチェックを入れる

測定時にキャッシュをクリアする設定にします（**図22**）。

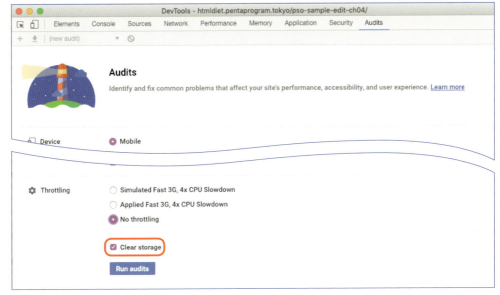

図22　Clear storageにチェック

5. Run auditsボタンをクリックして待つ（図23）

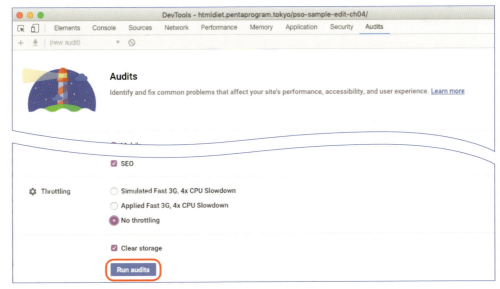

図23　Run auditsをクリック

■ Auditsの結果を見てみよう

Auditsの結果が出ました（**図24**）。

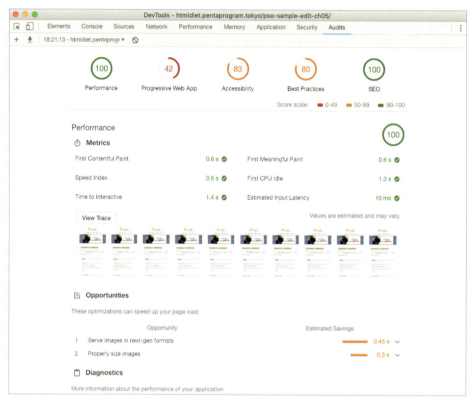

図24　改善後のAuditsを確認

■ スコアの一覧

図25に並んでいる円のうち、Performanceがページ速度のスコアです。今回は100点です。その他には次のような項目を測定しています。

- **Progressive Web App**：Webサイトをアプリ（PWA）として設計する場合に気にすべき項目をチェックしています
- **Accessibility**：アクセシビリティ、さまざまな環境からの利用しやすさをチェックしています
- **Best Practices**：技術的な面からみた、Webサイトのパフォーマンス（品質）を上げるための対策をチェックしています
- **SEO**：検索結果での表示を最適化するために必要な、基礎的な項目をチェックしています

図25　スコアの一覧

Performance

Performanceという見出しがある部分が、今回チェックしたい項目です（**図26**）。

図26　Performanceスコアの一覧

- **First Contentful Paint**：コンテンツの初回ペイント
- **First Meaningful Paint**：意味のあるコンテンツの初回ペイント
- **Speed Index**：速度インデックス
- **First CPU Idle**：CPUの初回アイドル
- **Time to Interactive**：インタラクティブになるまでの時間
- **Estimated Input Latency**：入力の推定待ち時間

これらの項目は日本語に訳しても意味がわかりにくいので、それぞれ解説します（**図27**）。

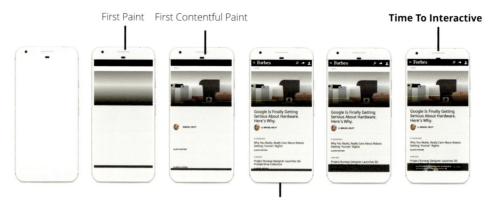

図27　結果のサンプル（引用元：Measure Performance with the RAIL Model
（英語ページ）　https://developers.google.com/web/fundamentals/performance/rail）

First Contentful Paint（コンテンツの初回ペイント）

図28　First Contentful Paint

　　HTML内のテキストまたは画像が初めて表示された状態（**図28**）までにかかった時間を表しています。この時点では、まだ一部の情報が表示されているだけです。ページを見に来た人はその内容や意図を読み取ることができません。

First Meaningful Paint（意味のあるコンテンツの初回ペイント）

　ページの主なコンテンツで、見る人にとって意味のある情報が表示された状態（**図29**）になるまでにかかった時間を示します。

　この状態になれば、ページを見に来た人はページの内容を読みはじめることができます。できる限り早く、この「意味のある情報が読める状態」にすると、ページにアクセスした際の満足度が高まります。

図29　First Meaningful Paint

Time to Interactive（インタラクティブになるまでの時間）

　ページを見る人が、ページのコンテンツをクリックするなどの操作ができるようになるまでにかかった時間を表しています。

Speed Index（速度インデックス）

　ページのコンテンツが表示されるまでの速さを表します。この項目がまさにこの章で目指していた「ファーストビューを早く表示させる」の指標になる値です。

　改善前後を比べたときに、この数値が小さくなっていれば、ファーストビュー内の表示速度が改善されているということになります。

- **Estimated Input Latency**（入力の推定待ち時間）
  ページを読み込み中の、もっとも端末に負荷がかかっている状態の時に、Webサイトが見る人の操作に反応するまでにかかる時間を予測しています。

- **First CPU Idle**（CPUの初回アイドル）
  ページの主な処理が終わり、初めて入力の処理が可能になるまでにかかった時間です。Time to Interactiveに似ていますが、こちらは画面に表示されるもののうち、最低限の主な要素が操作可能になるまでの時間を表しています。

■ Auditsの結果を比較しよう

　実践編の冒頭で、作業前のサンプルファイルのバックアップを取りました。それでは、新しいウィンドウを開いてバックアップファイルもAuditsで計測して比較してみましょう（図30、図31）。Performanceを見ると、全体的に数値が改善されています。Speed Indexは1.4s（秒）から0.6s（秒）まで改善しました。

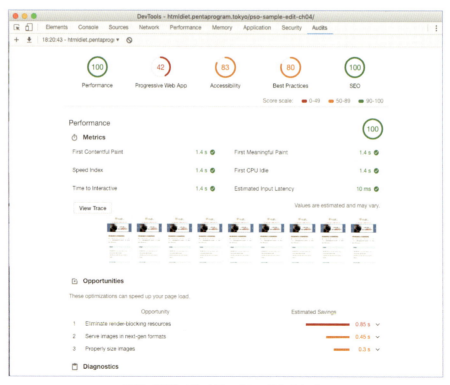

図30　改善前（バックアップファイル）のAudits

読み込みをチューニングするプロの技術とは

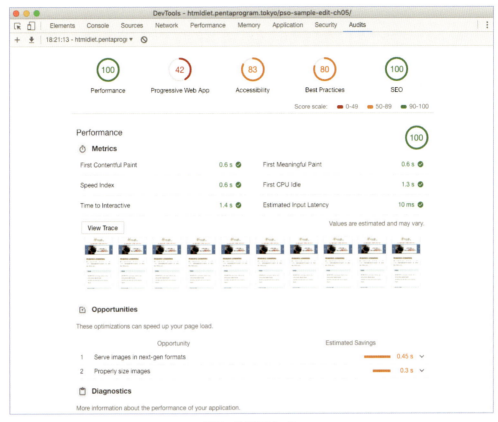

図31　改善後のAudits

　改善前の各数値を見ると、1.4s（秒）が並んでいます。これは、ページの読み込みが上から下まで終わってから、一度にすべてを表示させているため、同じ時間になっています。改善後は、まずファーストビュー内のコンテンツを表示させてから他の部分を処理しているため、0.6s（秒）から1.4s（秒）まで段階的に数値が大きくなっていっています。

FAQ ChromeのAuditsとPageSpeed Insightsの違いは？

　Auditsの画面に似たものをどこかで見た気がすると思われたでしょうか。AuditsはPageSpeed Insightsの結果画面によく似ています。実はAuditsもPageSpeed Insightsも同じLighthouseという分析エンジンを利用しています。
　PageSpeed Insightsは、Lighthouseでの分析に加えて、Chrome User Experience Reportと呼ばれる、実際にGoogle Chromeを利用しているユーザのデータをもとに分析した結果も表示されます。

Google ChromeのAuditsでは、ページのパフォーマンスに加えて、PageSpeed Insightsでは表示されないアクセシビリティなどの項目もチェックできます。ページの表示速度と直接関連しないため本書では解説しませんが、もし興味がわいたら、ひとつひとつ意味を調べてみましょう。

🅕🅐🅠 インラインJavaScriptをdeferより後に実行するには

scriptタグのdefer属性は、外部のファイルだけに適用できます。defer属性で読み込まれたJavaScriptファイルのあとに、HTMLページ内に書き込まれたインラインのJavaScriptを実行したい場合は、下記のように記述します。

```
<script>
  window.addEventListener('DOMContentLoaded', function() {
    //ここにインラインの処理を書く
  });
</script>
```

🅣🅘🅟 ページ内で使用していないCSSを見つける方法

ランディングページなど、すべて1ページで完結しており、他の場所で同じCSSファイルが読み込まれていない場合には、不要な記述をCSSファイルから削除することでファイル容量を減らせます。また、複数ページで構成されているWebサイトにおいても、どのCSSが現在のページで使用されているかを知ることは、ファーストビューのCSSを切り出すのに役立ちます。改善前のサンプルサイトを例に説明します。

1. チェックしたいページを開く

チェックしたいページをGoogle Chromeで開きます。

2. Chrome DevTools（検証ツール）を開く

ページ上で右クリックして検証を選ぶ、もしくは F12 キーを押して、Chrome DevTools（検証ツール）を開きます。

3. 右上の をクリックし、Show console drawerを選ぶ（図32）

読み込みをチューニングするプロの技術とは

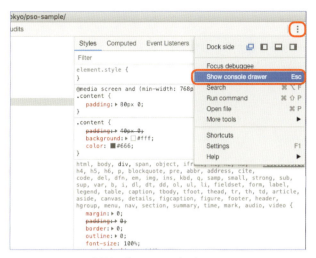

図32 Show console drawer

4. 下にあるConsoleタブの横の ⋮ をクリックし、Coverageを選ぶ（図33）

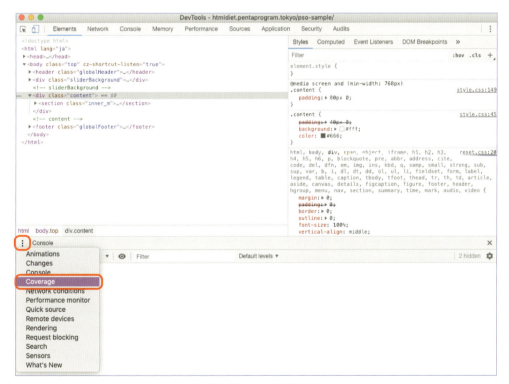

図33 ［Coverage］を選ぶ

115

5. ●をクリック

    ●をクリックすると●が赤くなります（**図34**）。

図34　●をクリック

6. 一覧をチェック

   一覧を見て、ファイルがそろっているようならもう一度●をクリックして灰色に戻し、記録を止めましょう。Unused Bytesを見ると、そのファイルのうちの何パーセントがそのページ上で未使用かを確認できます。横のグラフは、赤が未使用、緑が使用中のコードの量を示しており、視覚的にも確認できます。最下部のバーには 111KB of 143KB bytes are not used（78％）と表示されており、読み込んでいるCSSとJavaScriptのうち78％がページ上で未使用だとわかります（**図35**）。

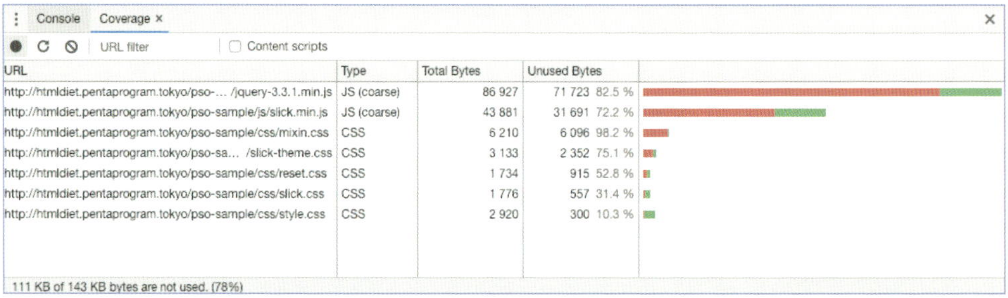

図35　［一覧］をチェック

jQueryの本体のファイルと、スライドショーのslick.min.jsは未使用の領域が多くありますが、それらのファイル内の記述を削除してしまうと、うまく動作しなくなる可能性がありますので、そのままにします。

7. 気になるファイルをチェック

style.cssをチェックしてみます。style.cssの行をクリックしましょう。クリックするとCSSファイルの内容が上部に表示されます（**図36**）。

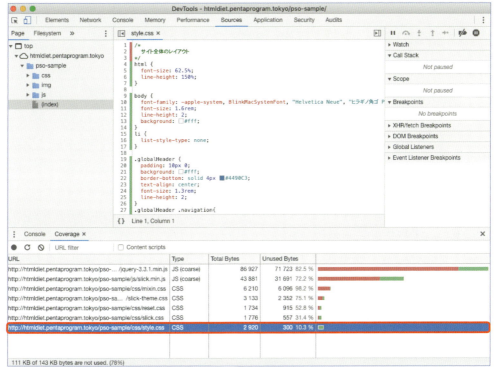

図36　［style.css］の行をクリック

ソースコードの左側が赤くなっている行と、緑の行があります。赤い行は未使用の行で、緑の行は使用中の行です。コメント行は、ブラウザ上での表示には影響しませんので、未使用の記述として赤く表示されます（**図37**）。

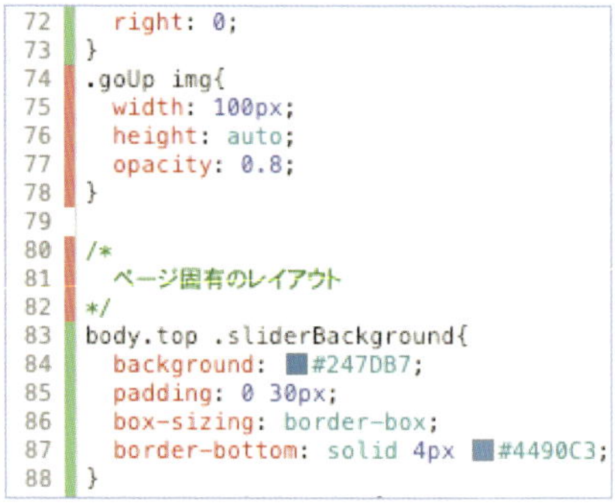

第 **4** 章　Web ページをさらに速くする方法

```
72     right: 0;
73   }
74   .goUp img{
75     width: 100px;
76     height: auto;
77     opacity: 0.8;
78   }
79
80   /*
81       ページ固有のレイアウト
82   */
83   body.top .sliderBackground{
84     background: ■#247DB7;
85     padding: 0 30px;
86     box-sizing: border-box;
87     border-bottom: solid 4px ■#4490C3;
88   }
```

図37　未使用の行と使用中の行の違い

　".goUp img"の行も赤く表示されています。これはこの記述が不要だということでしょうか。いいえ、これは必要な記述です。なぜ赤く表示されているかというと、このCSSはページをある程度スクロールして「上に戻る」ボタンが表示されているときにだけ使用されるスタイルで、ファーストビューや初期の状態では表示されていないスタイルだからです。今は「上に戻る」ボタンが表示されていない状態でチェックしています。

　マウスでホバー（hover）させた場合の記述も未使用の行として赤く表示されますが、これは現在マウスが要素にホバーした状態ではないため、未使用として赤く表示されます。Chrome DevToolsのCoverageでチェックできるのは、今、そのCSS記述が適用されているかどうか、ファーストビューやアクセスした直後の初期状態で表示されているスタイルかどうかです。

　モバイルファーストのレスポンシブサイトでモバイル表示の状態でチェックした場合は、パソコン用の記述は未使用と判断されるでしょう。

　このようにいくつか注意すべき点はありますが、コピー＆ペーストミスなどで不要な記述ができてしまった場合や、ページの内容更新後に旧レイアウトの記述がそのまま残っている場合には、それらを探し出すのに役立ちます。

　なお、ページ内でまったく使用されていない場合はCoverageのファイル一覧には出てきません。これを利用すれば、ページで不要なファイルを読み込んでいないか見当を付けるのにも役立ちます。

第 **5** 章

キャッシュの有効活用
をしていますか？

［入門編］

［実践編］

【入門編】
ブラウザと
キャッシュのしくみ

ブラウザキャッシュとは

　Webページを表示する際、ブラウザはサーバからファイルをダウンロードして一時的にパソコンやスマートフォンなどの端末内に保存します。そして保存したファイルを画面に表示します。ブラウザが一時的に保存するファイルのことを「ブラウザキャッシュ」と言います（**図1**）。

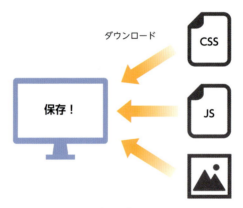

図1　ブラウザキャッシュ

キャッシュを有効活用するには?

　ブラウザキャッシュは標準でも有効になっていますが、Webページを配信するサーバの設定を変えると、このキャッシュを端末内に保存する期間を指定できます。

　ブラウザキャッシュを有効活用して、1週間、あるいは1ヵ月など、長い期間をファイルの有効期限として設定します。そうすると、指定されたファイルの有効期限を迎えるまでは、ブラウザは端末内に保存されたキャッシュを再利用してWebページを表示するようになります。

　キャッシュの有効期限を長く設定すると、次にWebページにアクセスするときにダウンロード済

みのファイルを利用してブラウザに表示するため、新しくファイルをダウンロードせずに済み、表示が速くなります。以前訪れたページを再訪した場合や、Webサイト内のページを回遊する場合にその効力を発揮します。

ブラウザキャッシュを設定してみよう

ブラウザキャッシュ設定を変更して、ファイルに有効期限を設定すると、ブラウザはその期限を迎えるまでは、ダウンロード済みのファイルを再利用して表示するようになります。この設定は第3章でも登場した.htaccessに追記することで変更できます（**コード1**）。

特に画像ファイルやWebフォントのファイルは、サーバにアップロードしたあとに変更を加えることはまれですので、数ヵ月や年単位など、有効期限を長く設定できます。CSSファイルやJavaScriptも、Webサイトの完成後に変更を加えることは少ないため、こちらも数ヵ月単位の有効期限を設定できます。

コード1　ブラウザキャッシュを有効にする設定の例（.htaccess抜粋）

```
<ifModule mod_expires.c>
  ExpiresActive On
  ExpiresDefault "access plus 7 days"
  ExpiresByType text/css "access plus 7 days"
  ExpiresByType text/javascript "access plus 7 days"
  ExpiresByType application/javascript "access plus 7 days"
  ExpiresByType application/x-javascript "access plus 7 days"
  ExpiresByType text/html "access plus 3 hours"
  ExpiresByType image/jpeg "access plus 1 month"
  ExpiresByType image/png "access plus 1 month"
  ExpiresByType image/gif "access plus 1 month"
</ifModule>
```

コード1のそれぞれの行が何を表しているかというと……、

```
<ifModule mod_expires.c>   ←もしmod_expiresというモジュールが有効だったら
  ExpiresActive On   ←Expires と Cache-Controlヘッダを有効にする
  ExpiresDefault "access plus 7 days"   ←標準ではアクセスから7日が期限
  ExpiresByType text/css "access plus 7 days"   ←CSSはアクセスから7日が期限
  ExpiresByType text/javascript "access plus 7 days"   ←JavaScriptはアクセスから7日が期限
  ExpiresByType application/javascript "access plus 7 days"   ←JavaScriptはアクセスから7日が期限
  ExpiresByType application/x-javascript "access plus 7 days"   ←JavaScriptはアクセスから7日が期限
  ExpiresByType text/html "access plus 3 hours"   ←HTMLはアクセスから3時間が期限
  ExpiresByType image/jpeg "access plus 1 month"   ←JPEGはアクセスから1ヵ月が期限
  ExpiresByType image/png "access plus 1 month"   ←PNGはアクセスから1ヵ月が期限
```

```
ExpiresByType image/gif "access plus 1 month"  ←GIFはアクセスから1ヵ月が期限
</ifModule>
```

このように、ファイルごとに有効期限を設定しています。この例では、標準では7日間をキャッシュ期限として、HTMLだけ3時間、画像は1ヵ月を期限に設定しています。それぞれ、「7 days」や「1 month」の部分を書き換えることで、期限を変えられます。

高速化した結果

スコアはどちらも100点で変わりありませんが、「合格した監査」を見ると違いが出ています。改善前は15項目合格でしたが（**図2**）、改善後は16項目合格に増えています（**図3**）。増えた合格項目は「静的なアセットでの効率的なキャッシュポリシーの使用」で、キャッシュがきちんと適用されていることを示しています。

図2　改善前のPageSpeed Insights

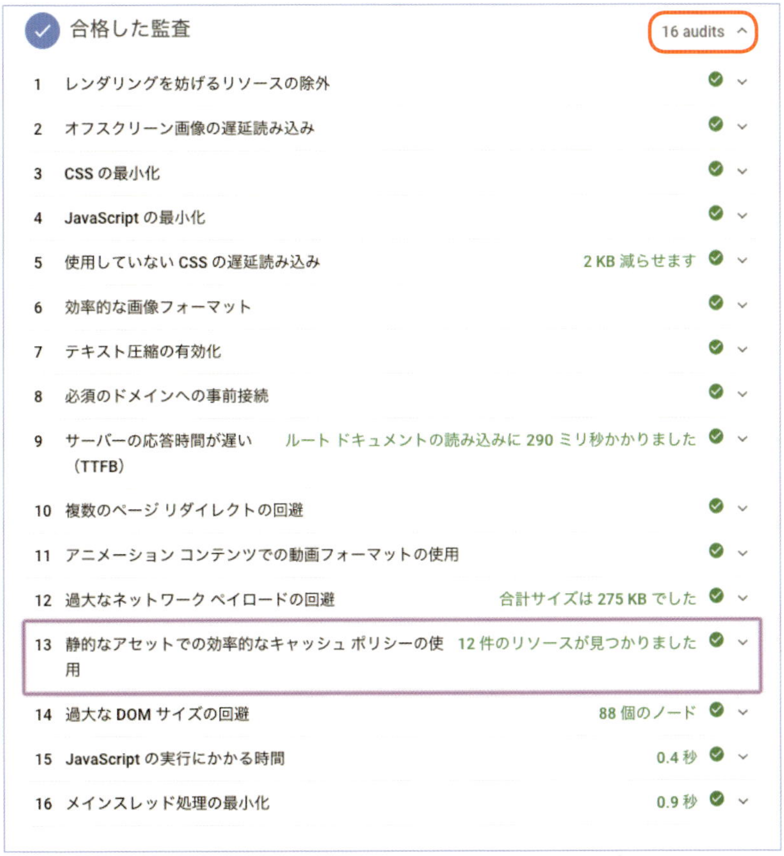

ブラウザとキャッシュのしくみ

図3　改善後のPageSpeed Insights

☆TRY .htaccessですべてのキャッシュを無効にする

Web担当者であれば、Webページを更新したはずなのに「ページ、変わってないよ！」と言われた経験が一度はあるのではないでしょうか。そして、そのたびに「ページをリロードしてみてください」と伝えることになってしまいます。

もし制作中のWebサイトでまだ一般公開していない場合は、.htaccessですべてのキャッシュを無効にしてしまうこともできます。この設定にしておけば、毎回「リロードしてくださいね」と伝える必要がなくなります。

［入門編］

［実践編］

第 **5** 章 キャッシュの有効活用をしていますか？

```
<IfModule mod_headers.c>
  Header set Pragma no-cache
  Header set Cache-Control no-cache
</IfModule>
```

　ただし、以前同じサーバのファイルにアクセスしたことがある場合は、以前指定された時間まで
キャッシュは無効になりません。また、本番のWebサイト公開時にはこの記述を削除して、適切な
キャッシュ時間を設定するのを忘れないようにしましょう。

【実践編】
.htaccessでキャッシュを設定してみよう

 ## ブラウザキャッシュを設定してみよう

1. FTPソフトでサーバの.htaccessファイルを開く

FTPソフトでサーバに接続し、サンプルサイトの.htaccessファイルをテキストエディタで開きます。

2. キャッシュ設定を追記する

.htaccessファイルの最下部にキャッシュ設定を追記します。サンプルサイトフォルダ内の「htaccess-b05.txt」の下記の内容を.htaccessにコピー&ペーストして、保存しましょう。

コード2　htaccess-b05.txt

```
#ブラウザキャッシュを有効にする設定
<ifModule mod_expires.c>
  ExpiresActive On
  ExpiresDefault "access plus 7 days"
  ExpiresByType text/css "access plus 7 days"
  ExpiresByType text/javascript "access plus 7 days"
  ExpiresByType application/javascript "access plus 7 days"
  ExpiresByType application/x-javascript "access plus 7 days"
  ExpiresByType text/html "access plus 3 hours"
  ExpiresByType image/jpeg "access plus 1 month"
  ExpiresByType image/png "access plus 1 month"
  ExpiresByType image/gif "access plus 1 month"
</ifModule>
```

 ## 期間の指定

有効期限はaccess plusに続く7 daysなどの語句で指定しています。下記の単位で期間を指定できます。

- seconds
- minutes
- hours
- days
- weeks
- months
- years

それぞれのファイル形式の更新頻度に応じて、適切な期間を設定しましょう。

ファイル形式の指定

コード2のサンプルコードでは、

```
ExpiresDefault "access plus 7 days"
```

として、デフォルトの有効期限を7日間に指定しています。

　その次の行から、ExpiresByTypeのあとに続くtext/css、text/javascriptなどの語句で、ファイル形式ごとの有効期限を指定しています。
　ファイルの形式はMIME（マイム）タイプと呼ばれる方式で示します。個別に指定されていない限りはデフォルトの有効期限が適用されるため、ファイルごとに細く期間を指定する必要はありません。どのようなMIMEタイプが存在するのか興味がある場合は、下記のページで調べられます。WebページでよくあわれるファイルのMIMEタイプの一覧です。

- **MIMEタイプの不完全な一覧**

  > https://developer.mozilla.org/ja/docs/Web/HTTP/Basics_of_HTTP/MIME_types/Complete_list_of_MIME_types

設定内容を確認しよう

1. サーバー上のサンプルサイトを開き、Chrome DevTools（検証ツール）を開く
2. [Network] タブを開いた状態で、ページをリロードする（図4の①）

3. ページのURLか、ファイル名にあたる行をクリックする（図4の②）

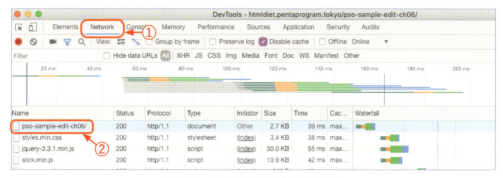

図4　ファイル名にあたる行をクリックする

4. Response Headersを見てみる

右側にある［Headersタブ］（すでに開いているはずです）のResponse Headersという項目の中にある、「Cache-Control:」という項目を探しましょう。こちらが「Cache-Control: max-age=10800」となっている場合、設定がうまく適用できています。

そうなっていない場合、使用しているサーバでは、残念ながらこの機能は使えません。

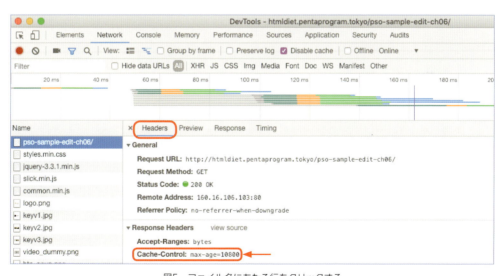

図5　ファイル名にあたる行をクリックする

高速化後の状態をチェックしよう

　それでは、高速化後の状態をチェックします。Chrome DevToolsを開いている場合はキャッシュを無効する設定になっていますので、これを解除しましょう。

1. Disable Cacheに入っていたチェックマークを外す（図6）

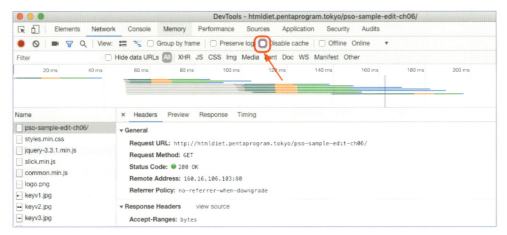

図6　Disable Cacheに入っていたチェックマークを外す

2. リロードする（図7）

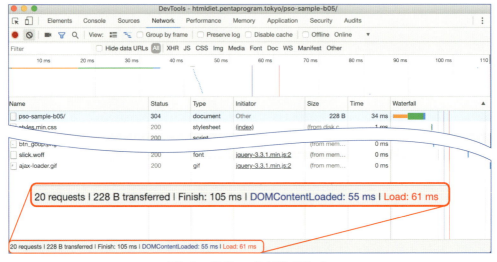

図7　Loadは61ms（ミリ秒）になった

Loadは497ms（ミリ秒）から61ms（ミリ秒）になりました。

携帯回線の転送速度をエミュレーションしてみよう

それではここで、Fast 3Gに変更して、リロードしてください（**図8**）。

Loadは611ms（ミリ秒）になりました。確認が終わったら、Onlineに戻しておきましょう。

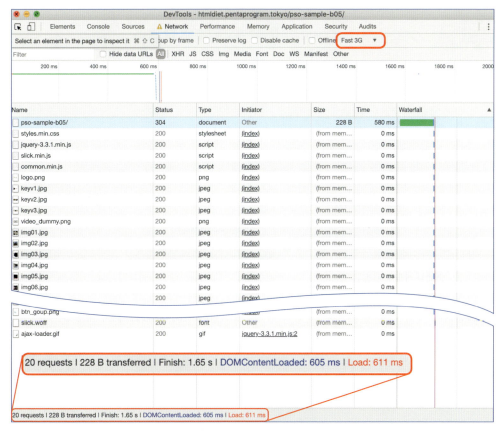

図8　Fast 3Gに変更した結果

サンプルサイトの高速化が一通り終わりました。ページ全体の読み込みに関しては、何も手を加えない状態では4.96s（秒）かかっていたものが最終的に61ms（ミリ秒）になりました。また、3G

回線をエミュレートした場合も、2.2s（秒）かかっていたものが611ms（ミリ秒）になりました。

そして、Auditsでチェックすると体感的な速度も0.6s（秒）まで改善されていました。これまで何度かお伝えしたように、これらの数字はファイルを設置するサーバの性能や、インターネットの回線の混み具合、閲覧している端末の状態にも大きく左右されますので、あくまで参考値です。

遠回りのように感じるかもしれませんが、いろいろと考え込むよりも、まず試して測定してみる、というのが実は一番の近道です。

クエリパラメータで更新を反映させよう

ブラウザキャッシュの有効期限を設定すると、指定した期限までは端末内に保存されたファイルを表示します。それでは、ファイルを更新したあと、キャッシュ済みの端末にも更新を反映させたい場合はどうすればよいでしょうか。

そのような場合は、HTML内でファイルを呼び出す際にクエリパラメータを使用すると、更新を反映できます。

- **クエリパラメータの例1**

```
<link rel="stylesheet" href="css/style.css?date=20190314">
<script src="js/jquery?ver=3.3.1"></script>
```

- **クエリパラメータの例2**

```
<img src="img/top/keyv1.jpg?v=2" alt="これからはNEKOだ">
```

URLの後にパラメータと呼ばれる文字列を「?○○=××」という形で、書き加えます。?に続く文字列は半角英数であればどのような文字でもOKですが、更新する際にわかりやすい語句にします。このようなパラメータを付けると、ブラウザはパラメータつきのURLを、以前ダウンロードしたファイルとは異なるURL、つまり異なるファイルだと判断して、新しいファイルをダウンロードして表示します。

さらにファイルを更新した場合は?に続く文字列を書き換えればブラウザはまた異なるURLだと判断して新しいファイルをダウンロードします。

第**6**章

コンテンツの
ダイエットをして
いますか？

［入門編］

そもそも、そのコンテンツは必要ですか？

不要なコンテンツを削除すると、削除した分だけページの読み込みは速くなります。特に長く運用しているWebサイトでは、担当者自身もそのコンテンツがある状態に見慣れてしまい、そこにあることが当たり前として感じられてしまいます。今一度、客観的にWebページを眺めてみましょう。

 ## ファーストビュー内に動画や動く要素がありませんか？

ファーストビュー内に、埋め込み動画や特に意味もなく動くだけのアニメーション要素はないでしょうか。これらのコンテンツはページの表示や実行速度に大きな影響を与えます（**図1**）。

動かないキービジュアル1枚画像にしたほうが、表示が速くなる上に気が散らないので、伝えたいメッセージをより強く伝えられる可能性もあります。特にスマートフォンでは、ファイル容量の大きな動画はダウンロードに時間がかかり、動画が完全に表示される前にサッと下にスクロールされてしまいがちで、そうなると動画を設置した意味もなくなってしまいます。せっかくのコンテンツも、見てもらえなければその力を活かせません。キービジュアルエリアでの設置にこだわらなくてもよいでしょう。

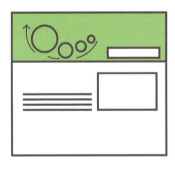

・スライドが10枚以上
・やたら動く
・数分にもわたるムービー　など……

図1　ファーストビュー内の動画やスライド……

 ## 古い新着情報・古いバナーを使っていませんか？

Webサイト上に、すでに新着ではない新着情報が表示されていませんか？　サムネイル画像やバナー画像を設置している場合には、特に注意しましょう。

主に見るべき個所は、Webサイト全体で共通して表示されるサイドバー、ヘッダー、フッター内です。そこに古い情報が掲載されているなら、消しましょう（**図2**）。アーカイブとして残す価値が

ある場合は別にアーカイブページを用意して、そちらにリンクさせましょう。

　終了したキャンペーンのバナーをそのまま貼り付けておくのもやめましょう。後から見た人を損した気分にさせ、がっかりさせてしまうだけで、良いことがありません。そのバナーが目立つせいで、本当に見てもらいたい最新の情報に目がいかなくなってしまっていることも。また、リンク切れは見る人にとってのサイトの評価を下げてしまいます。

図2　ユーザをがっかりさせる「古い」新着情報

なんとなくSNSを埋め込んでいませんか？

　FacebookやTwitterのタイムラインをページ内へ埋め込むと（**図3**）、ページの表示は遅くなります。タイムラインが埋め込まれていると、ブラウザはその都度FacebookやTwitterのサーバに接続して、最新の投稿や、誰が「いいね！」したかなどの情報をひとつひとつダウンロードしてくる必要があるからです。

　そこで、これらの埋め込みを外して、シンプルなリンクに置き換えてしまいましょう（**図4**）。アイコン画像はファイル容量も小さく、一度ダウンロードすればキャッシュから表示できるため、表示が速くなります。

第 6 章　コンテンツのダイエットをしていますか？

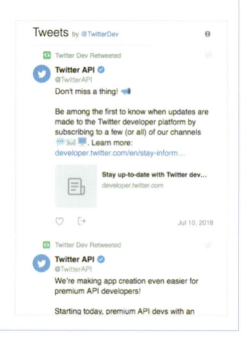

図3　SNSの投稿が埋め込まれているページの例

図4　SNSへのリンクアイコン例

SNSへのリンクを埋め込むべきケースとは

　ハッシュタグを使った投稿キャンペーンを行っている場合など、これらのSNSをフル活用しているならSNSの埋め込みが必要でしょう。SNSへの投稿をWebサイトのコンテンツとして有効に利用できそうな場合は、積極的に活用すべきです。

　投稿キャンペーン以外でSNSの埋め込みを有効活用している例として──たとえば、不定休のラーメン屋さんのWebサイトです。店主みずから毎日Webサイトを更新するのは難しいので、Twitterで、開店時刻に「何月何日、今日は営業しています！」とつぶやいています。

　営業時間の一時的な変更や、臨時休業などの最新情報がもしトップページに情報として埋め込んであったら便利ですよね。ほかにも、日替わりメニューを画像付きでつぶやくなど、撮影した写真

134

を手軽に投稿できるという長所を活かしながらWebサイトを運用できます。

　Webサイトの更新となるとどうしても腰が重くなりがちですが、SNSだったら手軽に更新できるぞ、という場合には便利に活用すべきです。ただし、SNSの投稿頻度が少ない場合はまるで営業していないように見えて逆効果になってしまいますので、その場合は埋め込みを外してください。

未使用の解析タグ

　使っていないにもかかわらず、ページ内に埋め込まれたままになっている広告やアクセス解析のタグはないでしょうか。試用で導入したものの本契約までは至らなかった解析サービスや、もう終了した広告用のタグなどです。

　これらのタグが埋め込まれている場合、それが不要なものであっても、表面上は見えませんのでそのまま放置されがちです。メンテナンスをされていない状態で放置されたタグやスクリプトがページの表示速度に影響を与えていたり、ページ上でエラーを発生させてしまうことがあります。消すべきタグがないか、一度精査しましょう。

多量のコメントアウト

　HTML内のコンテンツが不要になったときに、記述を削除するのではなく、消したい記述をコメントタグ<!-- -->で囲み、そのまま残しておくことがありますが、Webサイトを長く運用していると、これらのコメントが何十行にもわたって増えていってしまうことがあります。

　後日、記述を元に戻すことが確定している場合はコメントタグを使って一時的に非表示にするのは正しい運用方法と言えますが、何年にもわたってそのままになっている場合は、消しましょう。特にヘッダーフッターなどの共通テンプレート部分は、Webサイト全体に影響を与えます。

　これらのムダな記述を消すことでファイル全体の見通しがよくなりますので、メンテナンス性も向上します。

不要なコンテンツを消して高速化した結果

　サンプルサイトにComing Soonとして掲載されていた、実際には見る人にとって何の価値も持たないNekokin TVを削除しました。また、必須ではありませんでしたが、試しにスライドショーも削除して画像1枚を表示する形に変更してみました。

　スコアはどちらも100点で変わりありませんが、「ラボデータ」を見ると違いが出ています。速度

第 6 章 コンテンツのダイエットをしていますか？

インデックスが0.9秒から0.7秒になりました。

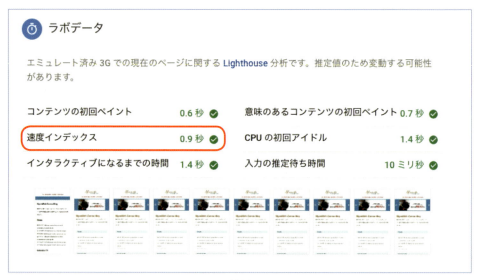

図5　改善後のPSI

図6　改善前のPSI

自分のWebサイトで実践しよう

　不要なコンテンツの削除は、今までのテクニックと異なり、一概に「これを消しましょう」と定めることは難しいです。

　この章には「実践編」はありません。その代わり、自分が運用しているWebサイトに消せるものがないか、チェックしてみてください。余計なものなどないと思っていても、初訪問者になったつもりでWebページやソースコードを上から下まで眺めてみると、気づきがあるものです。

　家族や友人など、自分以外の人にチェックしてもらい、さらにその様子をそばで眺めると、新たな課題が見つかりやすくなります。

 Googleタグマネージャ

　Googleタグマネージャは、解析タグ類を管理画面で一元管理するためのサービスです。あらかじめGoogleタグマネージャで発行したタグをWebサイトに埋め込んでおけば、あとは管理画面から操作するだけで、Webサイトそのものには手を加えずに解析タグ類を更新できます。どのタグを埋め込んでいるかの見通しがよくなるため、不要なタグも消しやすくなります。

- **Googleタグマネージャ**

   https://tagmanager.google.com/

第 6 章 コンテンツのダイエットをしていますか？

Column

コンテンツを「捨てる」コツ

> *「大切にしていたものを失うこと」は、脳では、体で感じる痛みと同じように処理されている*

という研究[注1]もあるそうです。

　不要に思えるコンテンツを周囲の反対にあって消せない場合は、こう提案してみてはいかがでしょうか。

　　「もしかすると、ユーザがWebページから離脱する要因になっているかもしれないので、一度試し
　　てみたいんです」
　　「少し外して様子を見てみませんか？　戻すのは、いつでも戻せますから」

　一度試すだけ。

　消すのではなくて少しの間外して、様子を見てみるだけ。これなら失うものは何もありませんので、痛みも少し和
らぎます。

　私はこのようにコンテンツを削除した後に「戻して」と言われたことはありません。そしてこの件に限らず、もちろ
んきちんと常にバックアップを取って、必要であればいつでも戻せる状態にしておくことが必要です。いつ何を削除
したのかをバックアップしながら記録しておくのは大変だという方は、ぜひ第8章をお読みください。

注1　なぜ僕らはムダなものを買ってしまうのか：部屋も頭も整理するために私が作った 4 つのルール（https://www.lifehacker.jp/2013/07/130715
clutter_affects.html）。

第 7 章

ストーリーで読む、
既存サイトの高速化

［入門編］

第 7 章 ストーリーで読む、既存サイトの高速化

ここでは、Webサイトの高速化を行うことになった、とあるWeb担当者の話をします。

登場する人物やWebサイトは架空のものですが、私の実体験を組み合わせて構成していま
す。ページ速度の分析結果をどのようにとらえ、改善すれば良いのかを1つのお話としてまと
めています。作業のおさらいとして、また、息抜きとして、お楽しみください。

◆　◆　◆

Aさんは、街中にある小規模な小売店に勤めており、社内でたった1人のWeb専任担当者で、
自社ECサイト（ネットショップ）の管理を任されています。ECサイトは半年前にリニューア
ルしたばかりで、制作会社から納品されたものです。それまでのECサイトは接客担当者が更新
を行っていましたが、テコ入れとしてAさん自身も同時期に入社しました。

入社当時は商材への知識も不足していましたが、初心者ならではの視点でWebサイトの導線
を増やしたり、仕入れ担当者に聞き取りを行って商品情報を充実させたり、新たに撮影した商
品画像を増やしたりと、周囲の協力とAさん自身のコツコツとした頑張りもあって、売り上げ
も少しずつ伸びているようです。

── そんなある日の出来事でした。

店　長：「うちのサイトがグーグルで評価が悪いんじゃないかって気になってるんだけど」
Aさん：（ドキッ）「……そうなんですね。私のほうで把握している範囲では、最近特に気に
　　　　　なる動きはないようですが……」
店　長：「店長仲間に教えてもらったんだけど、グーグルインサイト？ーっていうので点数が
　　　　　悪いみたいよ。ページが遅いんだって」
Aさん：（GoogleのPageSpeed Insightsのことか！）「なるほど、私も見てみますね」
店　長：「頼むよ！」

新商品の掲載作業の手を止めて、AさんはさっそくPageSpeed InsightsでECサイトのトップ
ページを分析してみました。

モバイル版のスコア（トップページ）

- 速度スコア：17点
- コンテンツの初回ペイント：3.9秒
- 速度インデックス：22.3秒
- インタラクティブになるまでの時間：29.4秒
- 意味のあるコンテンツの初回ペイント：3.9秒

改善できる項目（トップページ）

- オフスクリーン画像の遅延読み込み：4.05秒
- 次世代フォーマットでの画像の配信：1.8秒
- レンダリングを妨げるリソースの除外：1.79秒
- キー リクエストのプリロード：0.75秒
- 適切なサイズの画像：0.15秒
- 効率的な画像フォーマット：0.15秒

　確かに、モバイル版のスコアは17点と「遅い」評価でした。時間を空けて複数回測定しても、だいたい20点前後のようです。一方、パソコン版のスコアもチェックしたところ、74点と「平均的」でした。

　Aさんは自分のiPhoneでもあらためてチェックしてみることにしました。

　設定画面からSafariのキャッシュをクリアして、Wi-Fiをオフにして、ECサイトのトップページにアクセスします。Aさんが実際にアクセスした体感としては、2秒以内にはあらかた表示されているのですが、スライダーの画像がなかなか表示されず、ファーストビューの表示に7秒程度かかってしまっているようでした。また、トップページには多数のバナー画像や商品画像を掲載しているため「オフスクリーン画像の遅延読み込み」の項目が表示されているようです。

　次に、トップページ以外のカテゴリページや売れ筋の商品ページもチェックしてみます。トップページは静的HTMLで制作していますが、商品ページなどはシステムで自動生成されるものを利用していますので、スコアが大きく異なることもあり得ます。

モバイル版のスコア（商品ページ）

- 速度スコア：66点
- コンテンツの初回ペイント：3.1秒
- 速度インデックス：9.3秒
- インタラクティブになるまでの時間：3.4秒
- 意味のあるコンテンツの初回ペイント：3.1秒

改善できる項目（商品ページ）

- レンダリングを妨げるリソースの除外：1.56秒
- サーバー応答時間の短縮（TTFB）：0.85秒
- 使用していない CSS の遅延読み込み：0.15秒
- 次世代フォーマットでの画像の配信：0.15秒

　商品ページはモバイル版が66点で平均的、パソコン版が75点で、同じく平均の評価でした。

　AさんのiPhoneで試した体感としても、特に遅いと感じることはありませんでした。

　ショッピングカートの機能を動かすために、ショッピングサイトが自動的に生成するJavaScriptやCSSが多数読み込まれているため、JavaScriptやCSSの遅延読み込みを勧める「レンダリングを妨げるリソースの除外」が改善項目の一番上に来ているようです。

　一方、商品ページで画像の遅延読み込みを行うJavaScriptも自動的に読み込まれるようになっているため、トップページで改善項目に挙げられていた「画像の遅延読み込み」の項目は表示されていません。また、「サーバー応答時間の短縮（TTFB）」が改善項目に挙がっています。商品ページはデータベースと接続して動的に生成されるため、サーバの性能に速度が左右されやすいようです。

　Aさんは考えました。

　まず、トップページのスライダー画像はスコアに悪影響を及ぼしているようですし、実際にAさんのiPhoneで確認しても7秒もかかっていることから、明らかに改善が必要です。

　多数のバナー画像や商品画像に関しても、今までは特に対策を行っていなかったことから、実行すれば改善できそうです。

　一方、商品ページに関しては、ショッピングサイトが自動的に生成するJavaScriptやCSSに手を入れるのはAさんのスキルから考えると難しそうです。

　また、サーバの性能に関しても、Aさんには改善できない項目です。それほどスコアも悪くないことから、商品ページの改善作業の優先順位はそれほど高くないと判断しました。

Aさん：「店長、Googleのスコアの件について、調べました」

店　長：「おう！　どうだった？　良くなった？」

Aさん：「トップページはいくらか改善できそうです。ただ、スコアに関しては、モバイル版は遅いと評価されてスコアが良くなかったのですが、パソコン版はそれほど悪くないですね。それに、PageSpeed Insightsのモバイル版は、回線の速度の基準がちょっと古くて、日本のWebサイトだと実際よりも悪く表示されてしまうみたいです」

店　長：「本当に〜？」

Aさん：「はい。この速度インデックスという数字が、ファーストビュー画面が表示されるのにかかる時間なんですけど、この分析結果だと22秒と表示されていますよね。でも実際に携帯でアクセスして22秒もかかることは、今までもなかったですよね」

店　長：「……確かに、22秒もかかることはないね……」

AさんはPageSpeed Insightsのスクリーンショットと、iPhoneの画面を交互に見せながら説明しました。

Aさん：「——とはいえ、個人的にスライダー周りがちょっと遅いかも、と気になっていますので、改善してみますね！」

店　長：「よろしくね！」

Aさんは日頃からばっちりバックアップをとっていますが、念のためきちんとデータがとれているかを再確認しつつ、高速化を始めました。

画像の縦横サイズはすでにぴったり合っていますので、まずは①画像を圧縮してみました。画像圧縮アプリケーションに画像をドラッグドロップしてみます。130個ほどの画像を読み込んでいましたので、2.2MBのうち1MBを削減できました。

さっそくアップロードしてPageSpeed Insightsで確認してみました。改善はしているものの、スコアは22点です。速度インデックスは18.2s（秒）と少し早くなっています。

アクセスするタイミングで変動があるとはいえ、Aさんはもっと速くしたいと思いました。

そこで、テストページを作成して、トップページには②Lazyloadを導入して画像を遅延読み込みすることにしました。

改善できる項目の一番上に「オフスクリーン画像の遅延読み込み」が表示されていましたか

［入門編］

143

ら、きっとそれで改善するはずです。

　静的HTMLページで各種の遅延読み込みを試す場合、既存のHTMLページを複製したテストページを用意するだけで効果を試すことができます。テストの時点でWebサイト全体を変更する必要はありません。

　動的に生成しているページには初心者が手をいれるのは難しいものです、AさんのECサイトの場合はトップページが静的HTMLファイルで作られていますので、トップページだけを高速化するという選択肢があります。もともと商品ページはそれほど遅くはありませんでしたので、今回はまずはトップページだけの変更で大丈夫そうです。

　さらに、deferタグを使って、③JavaScriptも遅延読み込みしました。

　この時点でテストページをPageSpeed Insightsにかけてみると、52点でした。

　もう一声！……と思ったAさんは、分析結果に「レンダリングを妨げるリソースの除外」項目を改善できると書いてあったので、④CSSの非同期読み込みにも挑戦してみました。

　ところが、これらの作業後に再度PageSpeed Insightsを見ると、46点に下がってしまいました。改善できる項目欄を見てみると「サーバー応答時間の短縮（TTFB）0.3 s（秒）」との表示があります。

　どうやら、サーバが混み合っている時間帯に偶然アクセスしてしまい、その結果、計測結果が大幅に下がってしまったようです。

　時間を置いてもう一度アクセスしてみると、71点になりました。

　結果は「平均」ではありますが、17点が71点になったのですから、そうとう改善されました。速度インデックスは5.9秒です。もちろん、AさんのiPhoneでの表示も速くなりました。

　Aさんは、PageSpeed Insightsの分析結果を参考にしながら、優先順位が高く、できるだけ簡単なテクニックから取り組みました。

　他にもMinifyなど高速化のテクニックはありますが、今回は行わなくてもよさそうです。

改善後のモバイル版のスコア（トップページ）

- 速度スコア：71点
- コンテンツの初回ペイント：1.6秒
- 速度インデックス：5.9秒
- インタラクティブになるまでの時間：6.4秒
- 意味のあるコンテンツの初回ペイント：1.7秒
- CPU の初回アイドル：3.6秒
- 入力の推定待ち時間：30ミリ秒

Aさん：「う～ん、アクセスのタイミングでこんなにスコアが変わるのはちょっと釈然としないけど、仕方ないかなあ……ローカル環境のChrome DevToolsでも改善されてたから、間違いなく、速くなってるし」

　Aさんは自分のパソコン（ローカル環境）の中にテスト環境を用意していて、Chrome DevTools（検証ツール）でも効果をチェックしていました。本番サーバよりも自分のパソコン内の方が通信環境の影響を受けにくいので、念のためその数値も確認していたのです。

店　長：「お、すごいじゃないの～♪」

　確認作業をしていたAさんの後ろを通りかかった店長が、画面をのぞき込みました。

Aさん：「はい！アクセスのタイミングにもよりますが、前よりは確実に速くなってます！」
店　長：「よし、店長仲間に自慢しよっと」

　そこでAさんは、高速化作業中に不思議なコードを見つけたことを思い出します。

Aさん：「ところで店長、ソースコードに【みるみる解析くん】っていうコメント付きのスクリプトを見つけたんですが、これって何でしょうか……？」
店　長：「う～ん？……ああ、それね、何年かに辞めた人が、タダだから試してみるって言ってたから、その人が入れてたんだと思う。リニューアルの時にも制作会社に聞かれたんだけど、よくわからないし何か役立つかもしれないからとりあえずそのまま入れておいてもらったんだよね」
Aさん：「IDとかパスワードは……」
店　長：「彼にしかわからないねえ」
Aさん：「ログインできないなら、外しちゃいましょうか。もっと速くなるかもしれないですよ」
店　長：「うーん……」
Aさん：「解析ならこれとは別にGoogleアナリティクスも入っていますから、それを見れば大丈夫です。一応、この【みるみる解析くん】のコードもバックアップして取っておきますから、一度、試しに外してみてもいいんじゃないでしょうか」

7

［入門編］

145

あまり乗り気ではなさそうな店長でしたが、表示がもっと速くなる可能性があるなら、とOKしてくれました。

——Aさんは今後、商品担当者の要望通りにどんどん追加していったらいつのまにか増えすぎてしまったスライド画像やバナーコンテンツなどの整理も提案していこうと考えています。今まで、商品担当者には抵抗されがちでした。でも、高速化に成功して店長やスタッフのさらなる信頼を得た今なら、Aさんの意見も聞き入れてもらえるかもしれません。

第 **8** 章

Web担当者・HTML
コーダーのための
Git超入門

［入門編］

［実践編］

第 **8** 章　Web 担当者・HTML コーダーのための Git 超入門

【入門編】
Gitを使いこなす手がかり

Gitがあれば憂いなし

　バックアップを取ることは、Webサイトを運用する上で最も大切なことのうちの1つです。きちんと常にバックアップを取って、必要なときに戻せるようにしておきましょう。特に高速化の作業は何かを削る、消す作業が中心になることが多く、元に戻すためのバックアップがとても重要になります。しかし、毎回HTMLファイルをどこかにコピーしておいたり、メモを使って記録を残していくのはたいへんです。

　旧ファイルのバックアップとして複製したindex_BK.htmlやindex_BK20181001.html、index_test.htmlなどのファイルが増え過ぎてサイト全体の見通しが悪くなってしまったり、更新するたびにWebサイトをまるごと複製したりして、ハードディスクやSSDの容量を足りない状態にしてしまいます。

　そこで便利なのは**Git**（ギット）などのバージョン管理システムです。**いつ、誰が、何を、どのように変更したのか**、その差分を効率よく記録として残していけます（図1）。

 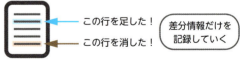

図1　差分管理の利点

　本書では、<u>1人のWebマスターがWebサイトの更新履歴を管理する</u>という目的に絞って、その使い方を解説します。

機能を絞って考えればけっこう簡単

Gitと聞くと「なんだか難しそう」「Web制作にはおおげさかも」と感じられる方もいらっしゃるかもしれませんが、更新履歴を管理するという使い方をする場合は、一度設定してしまえば、あとはメモ感覚で使うことができとても簡単に運用できます。高速化を進めるにあたって必須となるバックアップに役立つツールとして、使い方を紹介します。

Gitを使うとどうなるの?

Gitなどのバージョン管理システムとSourcetree（ソースツリー）などのGitクライアントと呼ばれるソフトウェアを組み合わせて使用することで、**図2**のような画面で変更内容を確認できるようになります。

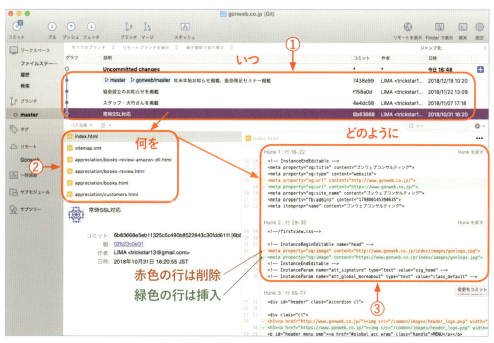

図2　Sourcetreeの履歴画面の例

変更履歴の一覧（**図2の①**）で、いつ変更したかを確認できます。どのファイルを変更したかを見るには、変更履歴の行をクリックし、変更したファイルの一覧（**図2の②**）を表示します。

変更したファイル名をクリックすると、どこをどのように変更したのかを確認できます（**図2の③**）。

-（マイナス）マークが行頭についた赤い背景色は削除した行、＋マークが行頭についた緑の背景色は新しく挿入した行を表しています。

　文章だけではなく、画像の変更履歴も確認できます。変更した画像のファイル名をクリックすると、変更前と変更後の状態を見比べることができま。

図3　画像の変更前と変更後

　この**図3**では、サブのキャッチコピーが変化しています。もちろん、変更前の画像に戻したり、書き出すこともできます。

どんなときに便利なの？

　Gitを使えば、「○○年○月○日の状態のWebサイト一式をまるごと復元[注1]」できます。また、「去年やってたキャンペーン、今年もやるから今からサイトに載せ直して！」という依頼が来たときも、過去のメールやフォルダを漁る必要はありません。Gitの履歴（コミットメッセージ）をめぐって「……キャンペーンは……あった、これだ、この日に削除したこのソースをコピー＆ペーストしよう！」というように復活させることもできます。

　さらに、アクセス解析である時点で変化が起きていたとき、Webサイトの正確な更新履歴が残っていれば、何を変更した結果、変化が起こったのかを探るのにも役立ちます。

注1　ただし、復元できるのは、Gitで管理している静的コンテンツだけですので、WordPressなどデータベースを使用して動的にページを生成している場合は、別途、データベースのバックアップを取る必要があります。

Gitにも種類がある──Bitbucket

　Gitは、もともとプログラムのソースコードの変更履歴を管理するために開発されたシステムです。Gitはインターネットに接続しなくても自分が使用しているパソコンの中で動かすことができます。バックアップをとったり複数人で管理するなどのより便利な使い方をするために、Bitbucket（ビットバケット）やGitHub（ギットハブ）などのオンラインサービスと接続して使われます。

　本書ではBitbucketを利用し、使い方の説明をします。

- **Bitbucket**
  > https://bitbucket.org/

■ どうしてBitbucketを使うの？

　Bitbucketは、今回使用するGitクライアントのSourcetreeと同じAtlassian社の製品のため、操作するうえでの相性が良いので説明に使います。また、長らく、GitHubはプライベートリポジトリと呼ばれる非公開で作業できる場所の数などに上限があり、外部にコードを公開しない場合は有料プランを契約する必要がありました[注2]。それに対してBitbucketは無制限でプライベートリポジトリを作成でき、初心者にとってはGitを試しやすい状況にあります。

Gitクライアント──Sourcetree

　Gitをパソコンで使用するためには、パソコン本体にGitをインストールする必要があります。また、初期状態では、コマンドプロンプトやターミナルなどのコマンドラインツールと呼ばれる、文字入力だけで操作する画面を利用することになります（**図4**）。多くの方にとって、このコマンドラインツールは少しとっつきにくいのです。

注2　2019年1月より、GitHubでも無制限でプライベートリポジトリを作成できるようになりました。

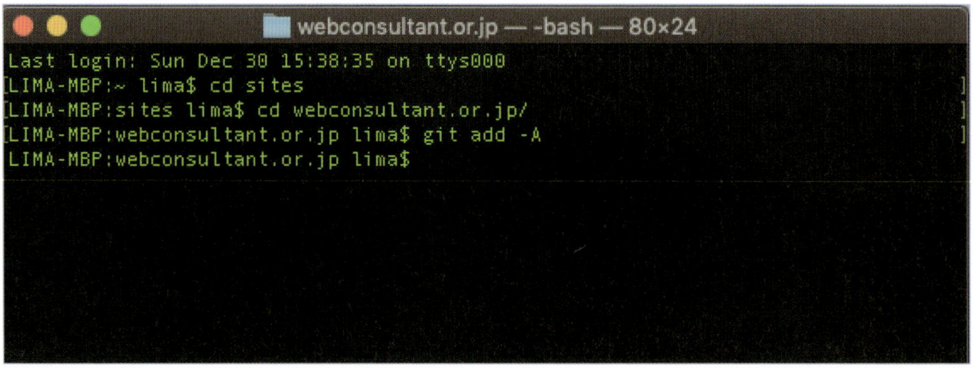

第 **8** 章　Web 担当者・HTML コーダーのための Git 超入門

図4　コマンドラインツールの例

　そこで、操作を簡単にするために、Gitクライアントと呼ばれるソフトウェアをインストールします。Gitクライアントをインストールすれば、日頃から使用しているソフトウェアと同じように、わかりやすい画面でGitを操作できます。

　本書でお勧めするSourcetreeは、WindowsでもmacOSでも無料で利用できます。

　また、Sourcetreeをインストールすることで、Git本体も同時にインストールできます。

● **Sourcetree**

https://ja.atlassian.com/software/sourcetree

【実践編】
BitbucketとSourcetreeでわかるGitのメリット

転ばぬ先のGit、Webページの安心・安全を作りましょう

■ Bitbucketへ登録する

　実践編では、Gitの使い方を覚えるにあたり、BitbucketとSourcetreeによるソースコード構成管理を学びます。次の手順で環境を構築していきます。

1. URLにアクセスして［Get Started］ボタンをクリック（図5）

```
https://bitbucket.org/
```

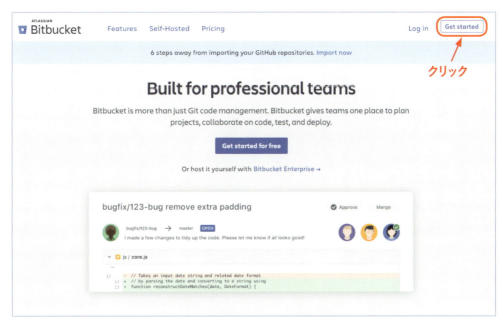

図5　Bitbucketの準備［Get Started］

2. メールアドレスを入力して、続行する（図6）

図6　メールアドレスを入力

3. アカウントの詳細を入力する

　フルネーム、パスワードを入力し（**図7の①**）、［ロボットではありません］をクリックします（**図7の②**）。［Agree and sign up］（**図7の③**）をクリックすると仮登録が完了します。

図7　アカウントの詳細を入力

Bitbucket と Sourcetree でわかる Git のメリット

4. **メールアドレスを確認する**

Atlassian社からのメールが来ているか確認します。[Verify my email address] をクリックします（**図8**）。

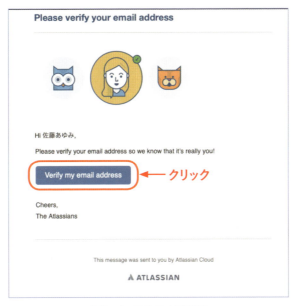

図8　メールアドレスを確認

5. **Bitbucket Cloudの「ユーザー」を作成する**

「ユーザー名」はわかりやすいものにしておきましょう。入力して（**図9の①**）送信ボタンをクリックする（**図9の②**）と登録が完了します。

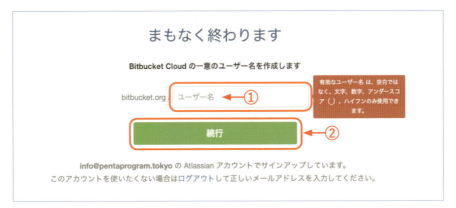

図9　「ユーザー」を作成

[入門編]

[実践編]

155

6. プロフィールを非公開にする

プロフィールアイコンをクリックし、[Bitbucket settings] をクリックします（**図10**）。[Private profile] にチェックを入れて、設定の更新ボタンをクリックしましょう（**図11**）。

図10　Bitbucket settings

図11　Private profile

Bitbucket と Sourcetree でわかる Git のメリット

Sourcetreeをダウンロードする

1. **URLにアクセスしてダウンロードボタンをクリックする**

   Windows向け、macOS向け、のいずれか自分のパソコンに適しているソフトウェアをダウンロードしましょう（**図12**）。

   ```
   https://ja.atlassian.com/software/sourcetree
   ```

図12　ダウンロードボタン

2. **利用規約に同意して（図13の①）、ダウンロードする（図13の②）**

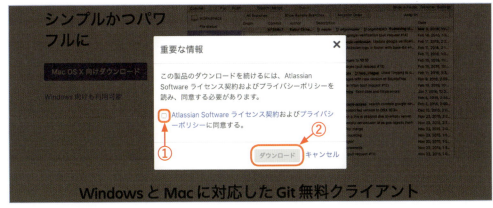

図13　利用規約に同意

157

■ Sourcetreeをインストールする

1. ダウンロードしたファイルを実行

- **Windowsをお使いの方**
  ダウンロードしたファイルをダブルクリックして、そのままインストールに進みます。

- **macOSをお使いの方**
  ファイルをダブルクリックして展開します（**図14**）。

図14　展開する

Sourcetree.appをアプリケーションフォルダに移動しましょう。アプリケーションフォルダに移動したら、ダブルクリックして実行します。

2. Bitbucketクラウドを選択する

インストール画面が開いたら、Bitbucketクラウド（macOSの場合はBitbucket）を選択します（**図15**）。

図15　Bitbucketを選択

3. **ログインする**

Bitbucketクラウドを選択するとブラウザが開きますので、Bitbucketに登録したメールアドレスとパスワードでログインします（**図16**）。

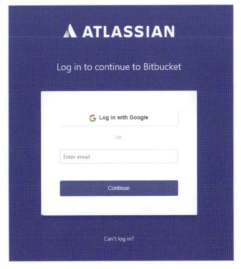

図16　ログインする

第 8 章　Web 担当者・HTML コーダーのための Git 超入門

4. **アクセスを許可する**

    確認画面が開きますので、アクセスを許可するボタンをクリックします（**図17**）。

    図17　ログインする

5. **登録が完了**

    登録が完了しますので、続行します（**図18**）。

    図18　登録が完了

160

6. ツールをインストールする（Windowsの場合）

Windowsの場合は、ツールをインストールする必要がありますので、引き続き画面が出ます。標準の設定のまま、次へ進みます（**図19**）。

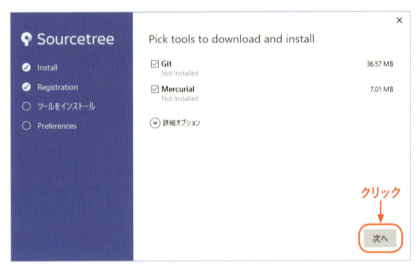

図19　ツールをインストールする

7. Gitの設定を進める

Gitを使用する際の標準設定の画面になります。適切な情報がすでに入力されていますので、そのまま完了します（**図20**）。

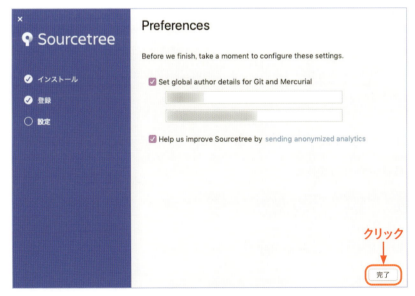

図20　Gitの設定

8. **SSHキーの読み込みはしない**

SSHキーを読み込むか尋ねられた場合、［いいえ］を選択します（**図21**）。

図21　SSHキーの読み込み

※注意！　すでにBitbucketを使用しており、コマンドラインツールなどでSSHキーを使用してBitbucketと接続している場合は、読み込みが必要になります。

まず、リポジトリを作ろう

Webサイトの履歴を管理するために、まず、管理するための作業場所であるリポジトリを作成します。

リポジトリとは、例えるならば、<u>Webサイトの素材や変更履歴のメモが1つに詰め込まれた箱、入れもののようなもの</u>です。

BitbucketでWebサイトの履歴を管理する際は、1つのWebサイトに対して1つのリポジトリを作成します。そして、自分のパソコン内とBitbucketのサーバ内の両方に、同じ内容のリポジトリを保管することになります。

<u>自分のパソコン内に置くリポジトリをローカルリポジトリ</u>と呼びます。<u>外部のサーバ（Bitbucket）内に置くリポジトリをリモートリポジトリ</u>と呼びます。ローカルリポジトリとリモートリポジトリの内容は原則として同一となり、クローンのような関係になります。今回はサンプルサイトのデータを使ってリポジトリを作ってみましょう。SourcetreeのWindows版とmacOS版とで画面操作が異なりますので、それぞれ分けて説明します。

Windowsの場合

1. **新規リポジトリを作成**

［Create］ボタンをクリックします（**図22**）

図22　ローカルリポジトリを作成

2. ローカルリポジトリを作成

保存先のパスの横にある［参照］ボタンをクリックします（**図23の①**）。フォルダを選択する画面が表示されたら、サンプルサイトのデータが入っているフォルダを指定しましょう。名前は半角英数字（記号を使う場合は記号も半角）で指定します。また、この際、次のアカウントでリポジトリを作成 にもチェックを入れましょう（**図23の②**）。チェックを入れると、リモートリポジトリの作成項目が表示されます。

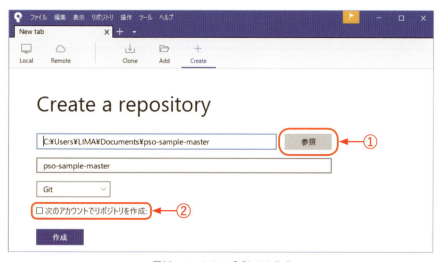

図23　ローカルリポジトリを作成

3. リモートリポジトリを作成

続いて、リモートリポジトリを作成します。名前欄はローカルリポジトリと同名にするとわかりやすいです。説明欄は空欄でOKです。［is Private］にチェックが入っているか確認し、作成しましょう（**図24**）。

第 8 章 Web担当者・HTMLコーダーのためのGit超入門

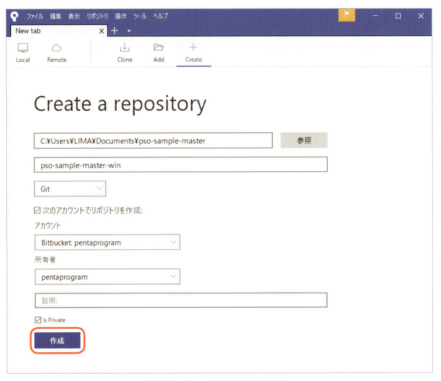

図24　リモートリポジトリを作成

macOSの場合

1. 新規リポジトリを作成

［新規］から［ローカルリポジトリを作成］を選びます（**図25**）。

図25　ローカルリポジトリを作成

2. ローカルリポジトリを作成

保存先のパスの横にある ... ボタンをクリックします。フォルダを選択する画面が出たら、サンプルサイトのデータが入っているフォルダを指定しましょう。名前は半角英数字（記号を使

う場合は記号も半角）で指定します。また、この際、［リモートリポジトリを作成する］にもチェックを入れましょう（**図26**）。

図26　ローカルリポジトリを作成

3. **リモートリポジトリを作成**

続いて、リモートリポジトリを作成します。名前欄はローカルリポジトリと同名にするとわかりやすいです。説明欄は空欄でOKです。［プライベートリポジトリです］にチェックが入っているか確認しましょう（**図27**）。

図27　リモートリポジトリを作成

リポジトリを開こう

リポジトリを作成できました。さっそく開いてみましょう。

1. **リポジトリ名をダブルクリック**

Windowsの場合もmacOSの場合も、一覧に表示されたリポジトリ名をダブルクリックします（**図28**、**図29**）。

第 8 章 Web 担当者・HTML コーダーのための Git 超入門

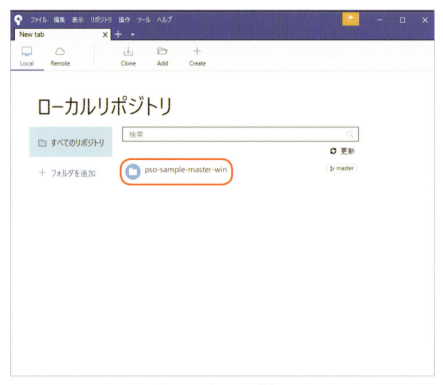

図28　Windowsでの一覧表示

図29　macOSでの一覧表示

2. **中身をチェック**

　左側にあるメニューより、Windowsの場合はファイルステータスの作業コピー（**図30**）、macOSの場合はワークスペースのファイルステージ（**図31**）をクリックすると、サンプルサイトのファイルが一覧となって表示されます。

BitbucketとSourcetreeでわかるGitのメリット

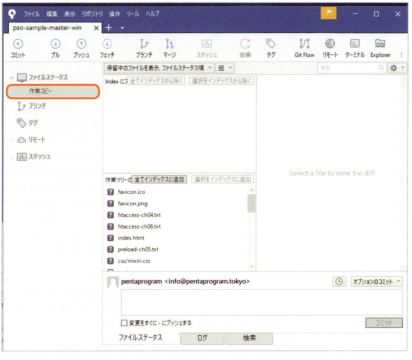

図30　Windowsでのファイル一覧表示

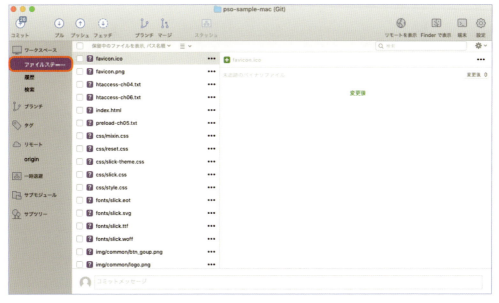

図31　macOSでの一覧表示

第 8 章　Web 担当者・HTML コーダーのための Git 超入門

リポジトリにファイルを追加しよう

　リポジトリの中身をチェックすると、ファイル名の頭に ? マークがついています。

　実は、リポジトリは作成できたものの中身はまだ空っぽの状態です。Gitは、? マークのついたファイルをどう処理すべきか、無視すべきか追加するべきか、あなたの指示を待っています。そこで、これから ? マークがついているファイルをリポジトリに追加する指示を出します。

1. インデックスに追加する

　Windowsの場合、すべてインデックスに追加ボタンをクリックします（**図32**）。macOSの場合、ファイル名の一覧の一番上にあるチェックボックスをクリックします（**図33**）。

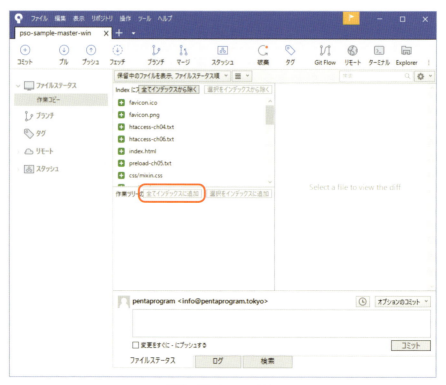

図32　Windowsでの追加

168

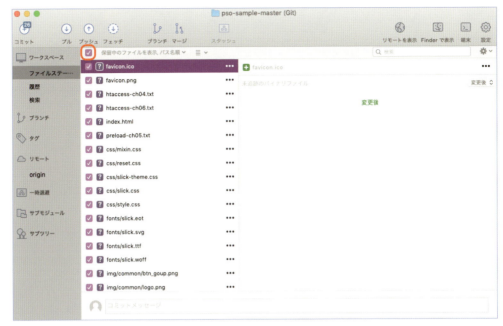

図33　macOSでの追加

🄣 インデックス（Index）とは

　インデックスは、目次や索引という意味です。ファイルやその変更点をインデックスに追加することで、これらのファイルをこう変更するよという一覧を作成したことになります。また、インデックスに追加することを「ステージングエリアに上げる」とも表現します。

2. コミットする

　メッセージ欄にコミットメッセージを入力します。コミットメッセージとは、インデックスに追加したファイルにどのような変更を行ったのかを記録しておくメモにあたるものです。今回は「初期ファイルを追加」と入力します。この欄を空欄にしたままではコミットできません。[変更をすぐにプッシュする]にチェックを入れ、コミットボタンをクリックします（**図34**、**図35**）。

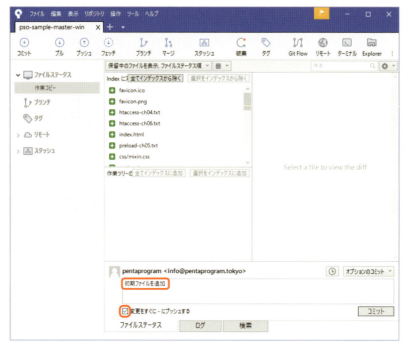

図34　Windowsでコミット

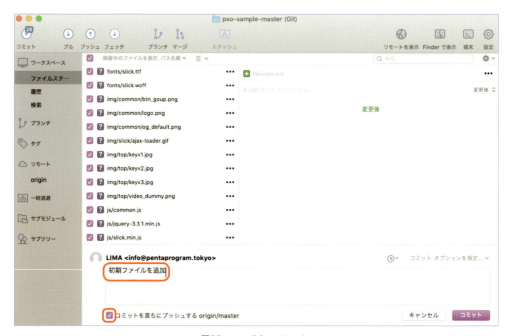

図35　macOSでコミット

TIP コミット（Commit）とは

コミットには、何かを委ねる、引き渡す、完遂するというような意味があります（有名なCMでも「○○にコミット」というフレーズが使われていますね）。Gitの場合は、特定のファイルへの変更記録を、リポジトリに「引き渡す」ことをコミットと呼んでいます。

3. プッシュする（自動）

コミットボタンをクリックした直後に、自動的にプッシュされ、進捗画面が表示されます（図36、図37）。

図36　Windowsでプッシュ

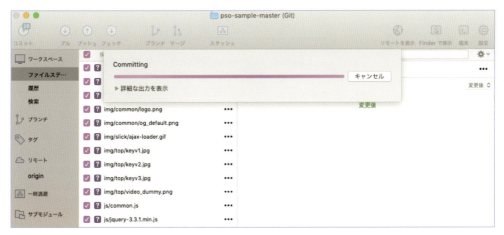

図37　macOSでプッシュ

TIP プッシュ（Push）とは

プッシュは、日本でも馴染み深い単語ですが、押すという意味ですね。Gitにおけるプッシュはローカルリポジトリの内容をリモートリポジトリにアップロードすることを意味しています。今回の場合は、自分のパソコン内にあるリポジトリの内容をBitbucketにアップロードしています。リポジトリを箱のようなものだと表現しましたが、その箱ごとサーバに「押し出す」イメージです。

4. 履歴を確認する

それでは、コミットした履歴を確認してみましょう。Windowsでは［ログ］を、macOSでは［履歴］をクリックします（図38、図39）。「初期ファイルを追加」というコミットメッセージが1行表示されているはずです。メッセージ行をクリックすると、どのファイルを追加したか確認できます。

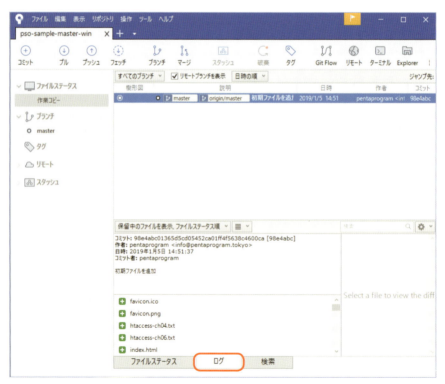

図38　Windowsでログを確認

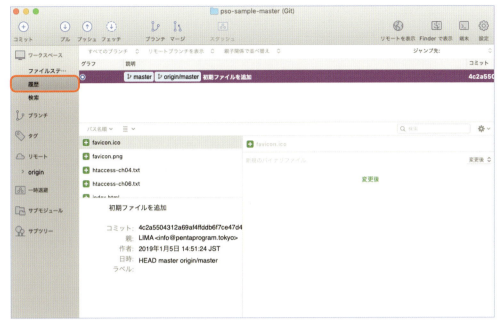

図39　macOSで履歴を確認

ファイルを変更してみよう

今回はWebサイトの更新履歴を管理する目的でGitを使用していますので、ここでファイルを更新してみましょう。WindowsもmacOSもほぼ同じ画面操作になります。

1. index.htmlを変更してみる

サンプルサイトのindex.htmlをテキストエディタで開き、変更（更新）してみます。たとえば、スライダーの画像を1枚減らしてみましょう。keyv3.jpgを表示している行を削除し、keyv3.jpgもimg/topフォルダから削除します（**図40**）。

- **変更前**

```
<ul class="slider inner_m">
<li><img src="img/top/keyv1.jpg" alt="これからはNEKOだ！"></li>
<li><img src="img/top/keyv2.jpg" alt="NEKOにしようかな…"></li>
<li><img src="img/top/keyv3.jpg" alt="ひょっこりくん"></li><!-- この行を削除します -->
</ul>
```

- 変更後

```
<ul class="slider inner_m">
<li><img src="img/top/keyv1.jpg" alt="これからはNEKOだ！"></li>
<li><img src="img/top/keyv2.jpg" alt="NEKOにしようかな…"></li>
</ul>
```

図40　keyv3.jpgを削除後

2. **Sourcetreeで変更を確認する**

Sourcetreeの「ファイルステータス」を開くと、変更を加えた場所を確認できます。index.htmlの行をクリックすると、削除した行が赤くハイライトされ、左端にマイナスマークがついています（**図41**）。また、画像の行をクリックすれば、削除した画像のサムネイルを表示できます。

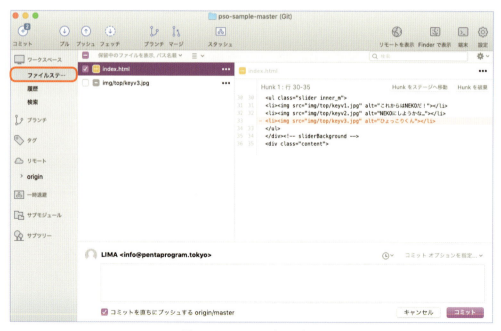

図41　Sourcetreeで変更を確認

思わぬところをうっかり変更してしまっていないかのチェックにも役立ちます。

3. **インデックスに追加する**

「リポジトリにファイルを追加しよう」で行ったのと同じように、ファイルへの変更をインデックスに追加します。Windowsの場合、すべてインデックスに追加ボタンをクリックします。macOSの場合、ファイル名の一覧の一番上にあるチェックボックスをクリックします。

4. **コミットする**

こちらも前回と同じように、コミットメッセージを入力して、「変更をすぐにプッシュする」にチェックを入れ、コミットボタンをクリックします。コミットメッセージは、あとで誰が見てもわかるように、簡潔にわかりやすく書くようにしましょう（**図42**）。

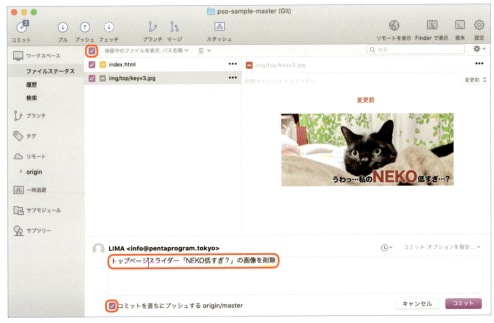

図42　コミットする

5. **履歴を確認する**

Windowsでは「ログ」、Macでは「履歴」をクリックすると、コミットした履歴を確認できます（**図43**）。

第 8 章 Web 担当者・HTML コーダーのための Git 超入門

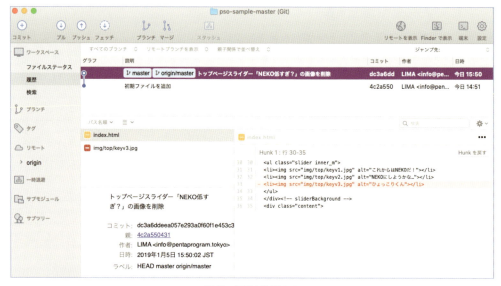

図43 履歴を確認する

　このように、サイトを更新（ファイルを変更）するたびにコミットして履歴を残していくことができます。いつ、どのファイルをどのように変更したかが一目で確認できるようになります（**図44**）。日々の小規模な更新であれば、**FTPでサーバにアップロードするタイミングでGitにコミット**すればちょうどよい単位でコミットできます。

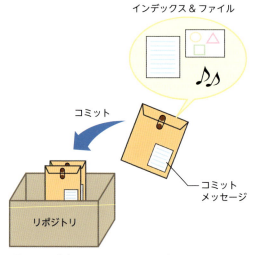

図44　リポジトリ、コミット、インデックスのイメージ

176

TRY 戻せる! Sourcetreeの活用法

Gitを使ってWebサイトを管理する利点の1つは、過去のファイルをそのままそっくり取り出せることです。これでもう、ファイルや記述を削除するのも怖くありません。

削除した行を復活させる

履歴（ログ）を表示させて、復活させたい行が残っている履歴をクリックします（**図45**）。復活させたい行をクリックし、Windowsは Ctrl + C 、macOSでは ⌘ + C のショートカットキーでコピーできます。複数行をコピーしたい場合は Shift キーを押しながら、キーボードのカーソルキーを操作して範囲を広げます（**図45**）。その後、テキストエディタを使って復活させたいファイル上に内容をペーストします。

図45　削除した行を復活

変更したファイルをコミット時点に戻す

図46のように特定のファイルを、あるコミット時点の状態に戻したい場合はファイルを選択して①～③の順番で操作し、②は右クリックして［コミットまで戻す］をクリックします。

第 8 章　Web 担当者・HTML コーダーのための Git 超入門

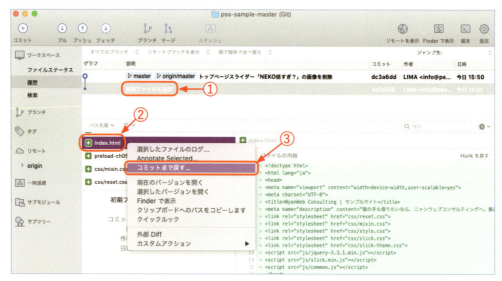

図46　コミット時点に戻す

削除したファイルを戻す

　過去のコミットで削除したファイルを元に戻したい場合は、ファイルのログを活用します（**図47**）。Windowsの場合は［選択のログを表示］、macOSの場合は［選択したファイルのログ］で表示できます。

図47　選択したファイルのログ

178

今回のコミットでは、画像ファイルを削除していますので、、Windowsの場合は［コミットにリセット］を選択（**図48**）、macOSの場合は削除する**1つ手前のコミットメッセージを選択**（**図49の④**）して［このコミットまでファイルをもとに戻す］（**図49の⑤**）で画像ファイルが復元されます。

図48　コミットにリセット（Windows）

図49　このコミットまでファイルをもとに戻す（macOS）

179

また、元の場所に過去のファイルを上書き保存したくない場合は、ファイルのログで［選択のバージョンを開く］を実行すると、そのコミット時点での状態のファイルを開くことができます。このファイルをデスクトップやダウンロードフォルダ等のわかりやすい場所に名前を付けて保存すると良いでしょう。

あるコミット時点のWebサイト状態をまるごと復元する

1. **アーカイブを選択する**

    あるコミットの時点のWebサイトをまるごと復元するには、コミットメッセージを選択して①右クリックして「アーカイブ」を選びます②（**図50**）。

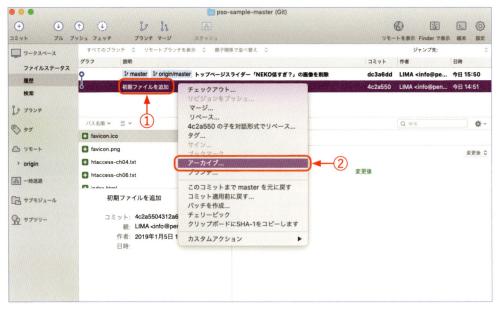

図50　アーカイブ

2. **保存先を選択する**

    ファイルをどこに保存するか尋ねられますので、わかりやすい場所に保存します（**図51**）。

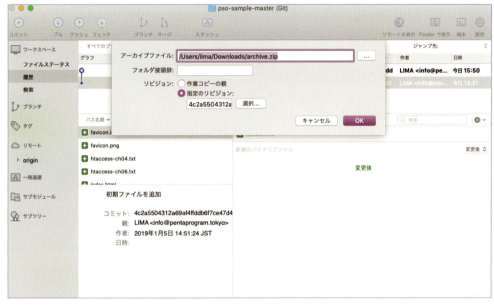

図51　保存先を選択

3. 展開する

初期設定ではarchive.zipという名前でファイルが作成されていますので、これを展開（解凍）すると、選択したコミット時点でのファイルがよみがえります（**図52**）。

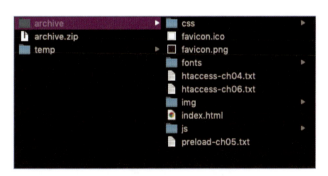

図52　アーカイブ

TRY バックアップデータとして活用する

　もしもパソコンがある日突然動かなくなってしまったときは、BitbucketのWebサイトからリポジトリのデータをまるごと別のパソコンにダウンロードできます。

1. **Bitbuketにログインする**
- **Bitbuket**

    https://bitbucket.org/

2. **リポジトリを開く**
    ダウンロードしたいリポジトリを一覧から選択します。

3. **クローンの作成をクリック（図53）**

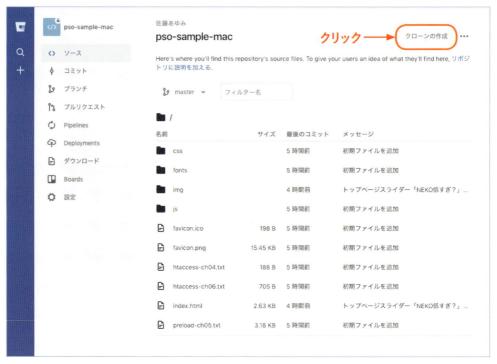

図53　クローンの作成

4. URLをコピー

表示されたURL部分を選択してコピーしておきます（**図54**）。

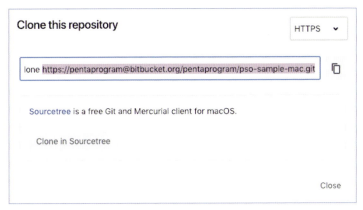

図54　Clone in Sourcetree

5. Sourcetreeに追加する

Windowsの場合はCloneメニューをクリックします（**図55**）。macOSの場合は［新規］から［URLからクローン］を選択します②（**図56**）

図55　Cloneメニューをクリック

図56　URLからクローン

6. **URLを入力する**

　先ほどコピーしておいたURLを、一番上のソースURL欄に入力します。入力後しばらくすると、その他の入力欄に自動的に情報が入力されます（**図57**、**図58**）。

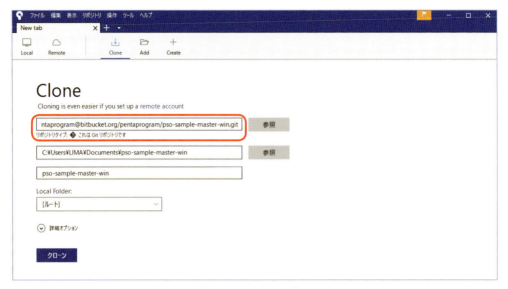

図57　Windowsでの表示

図58　macOSでの表示

7. **クローンボタンをクリックする**

　クローンボタンをクリックすると、ファイルのダウンロードが始まります。Webサイトのファイル数によっては時間がかかることがありますが、すべてダウンロードが終われば、リポジトリのデータが履歴も含めてまるごと復元されます。

　※注：クローン機能ではなく、BitbucketWebサイトの［ダウンロード］メニューを使用した場合には、ファイルは復元されますがGitの履歴は復元されません。履歴ごと復元したい場合はクローン機能を使いましょう。

複数人でGitを活用するには

　履歴の管理のほかにも、Gitにはさまざまな活用法があります。複数人で作業した結果を1つのリポジトリに集約したり、現在のWebサイトから分岐して別バージョンを作成しつつ、現在のバージョンとの切り替えを即座に行ったりできます。現行Webサイトのファイルを維持しながら、リニューアル版のWebサイトを制作するときに便利です。

　本書では、インデックスへのファイルの追加（add）、コミット（commit）とプッシュ（push）という3つの機能だけを紹介しましたが、このほかGitの基本的なコマンドとしては下記のような操作があります。

- **ブランチ（branch）**：分岐したバージョンを作成する
- **マージ（merge）**：分岐したバージョンを結合する
- **プル（pull）**：リモートリポジトリの変更内容をローカルリポジトリに適用する

　複数人でGitのリポジトリを管理する場合は、ブランチ・マージ・プルの使い方も覚える必要があり、1人で管理するよりも難易度が上がります。慣れないうちは混乱するかもしれませんが、チームでの共同作業も、履歴がきちんと残ることでより確実にこなせるようになります。

　Gitは世界中で広く利用されており、もちろん日本国内でも愛用されていますので、ヘルプやガイドが豊富にあります。焦らずじっくり勉強してみましょう。

- **サルでもわかるGit入門**

  https://backlog.com/ja/git-tutorial/

付録

PageSpeed Insights

「改善できる項目」対応表

項目名	対策	対応ページ
レンダリングを妨げるリソースの除外	ファーストビューの範囲内のCSSをHTML内に直接書き込み、それ以外のCSSやJavaScriptは非同期で読み込みましょう	JavaScriptの配信を最適化しよう／CSS配信を最適化しよう（P.95）
適切なサイズの画像	画像を実際に表示されている大きさに縮小しましょう。可能であれば、端末に応じて異なる大きさの画像を出し分けましょう	縮小しよう（P.44）画像を出し分けてみよう（P.37）
オフスクリーン画像の遅延読み込み	ファーストビューよりも下にある画像を、Lazyloadなどを用いて遅延読み込みしましょう	Lazyloadを使ってみよう（P.38）
CSSの最小化	CSSファイルをMinifyしましょう	Minifyしてみよう（P.68）
JavaScriptの最小化	JavaScriptファイルをMinifyしましょう	Minifyしてみよう（P.68）
使用していないCSSの遅延読み込み	ファーストビューの範囲内のCSSをHTML内に直接書き込み、それ以外のCSSは非同期で読み込みましょう。また、ページ内で使用していないCSSを消せるかどうか検討しましょう	第4章 Webページをさらに速くする方法（P.82）「使用していないCSSの遅延読み込み」が合格にならない（P.93）
効率的な画像フォーマット	画像を圧縮しましょう	圧縮しよう（P.48）
次世代フォーマットでの画像の配信	JPEG 2000、JPEG XR、WebPなど、新しい形式で画像を配信できないか検討してみましょう	実用はもう少し先のWebP形式（P.27）JPEG 2000とJPEG XRについて（P.38）
テキスト圧縮の有効化	gzipでテキストファイルを圧縮しましょう	mod_deflateでgzip配信しよう（P.72）
静的なアセットでの効率的なキャッシュポリシーの使用	ブラウザキャッシュの有効期間を指定しましょう	ブラウザキャッシュを設定してみよう（P.125）
過大なネットワークペイロードの回避	ページ内で使用されているファイル容量の合計を減らしましょう。画像を縮小＆圧縮したり、テキストファイルをMinify＆圧縮したりすることでファイル容量を減らせます	Minifyしてみよう（P.68P）mod_deflateでgzip配信しよう（P.72）
サーバの応答時間の短縮	サーバの処理速度によってページの配信に時間がかかっています。いつも遅い場合は、サーバを引っ越しましょう	サーバの速さをチェックする（P.19P）

以下の表は上級向けの項目のため、本書では詳しく解説していません。しかし本書のテクニックを活用することによって全体的な数値が改善し、その結果これらの項目も改善する可能性があります。ピンポイントで対策に挑戦してみたい方は、PageSpeed Insights上のそれぞれの項目を開いた「詳細」リンクから、最新の対策を参照してみましょう（解説ページが日本語対応されておらず、英語版だけ用意されている場合もあります）。

項目名	対策
必須のドメインへの事前接続	読み込むファイルの優先順位を明示して、より重要なファイルを先に読み込むようにしましょう
複数のページリダイレクトの回避	ページ内で2ヵ所以上、なんらかのURLにリダイレクトがかかっています。リダイレクトが発生しないように、最新のURLに書き換えましょう
キーリクエストのプリロード	外部のJavaScriptやCSS内でさらに別のJavaScriptやCSSファイルが呼び出されています。ページの表示に必要なJavaScriptやCSSは、HTMLページ内でpreload属性を使って直接呼び出しましょう
アニメーションコンテンツでの動画フォーマットの使用	動画をアニメーションGIFで掲載している場合、MPEG4/WebM形式の動画ファイルとして配信するとファイル容量を減らせることがあります
過大なDOMサイズの回避	ページに含まれる要素の階層が深かったり、要素の数が多いと、ブラウザでの処理に時間がかかります。SNSのタイムラインやYouTube動画の埋め込み、外部のウィジェットなどを外すことで改善することがあります
JavaScriptの実行にかかる時間	JavaScriptはさまざまな理由によって表示を遅くする要因になり得ます。不要な記述を取り除く、JavaScriptをMinify＆圧縮配信＆ブラウザキャッシュを設定することにより改善できる可能性があります
メインスレッド処理の最小化	ページ内の何らかの要因によってブラウザでの処理に時間がかかっています。項目名の右の▽をクリックすると、何にどれぐらいの時間をかかっているかを調べられます

おわりに

本書で紹介したテクニックを用いて、高速化を実践した事例を紹介します。

■ 完全静的なコーポレートサイトの改善例

まず、完全静的なコーポレートサイトの改善例です。WebサイトのすべてのページがHTMLファイルで構成されています。

こちらはWebコンサルティング企業のコーポレートサイトです。改善前のサイトは、Googleの採点ツールPageSpeed Insightsでは68点でした（**図1**）。

図1　PageSpeed Insightsでは68点[注1]

このWebサイトを、次のテクニックで高速化しました。

- 画像の圧縮
- ブラウザキャッシュの設定
- 圧縮配信の設定
- CSS＆JavaScriptの非同期読み込み
- 複数のCSSファイルを1つに結合

- CSS＆JavaScriptのMinify

上記の対策を施したところ、**図2**のようになりました。

図2　PageSpeed Insightsでは99点[注1]

99点まで改善することができました。もちろん体感的にも早くなっています。

■ 100点ではないのはなぜ？

　解析タグなどの外部サーバのファイルをページ内に読み込む場合、実施外部サーバの設定内容で検査項目に引っかかると減点されます。99点になった直接の理由は、Googleアナリティクスの解析タグを埋め込んでいて、その内容がチェック項目に引っかかっているからでした。100点でなくても気にすることはありません。

■ 動的にWordPressで生成していてもOK

　動的なWordPressサイト（**図3**）でも同じテクニックを使用して、PageSpeed Insightsにて99点のスコアになりました（**図4**）。

注1　改善前後のスクリーンショットは、どちらも旧PageSpeed Insightsです。2018年11月にPageSpeed Insightsがリニューアルされました。高速化を実施した時期がリニューアルのため、旧画面で紹介しています。

WordPress管理画面からアップロードする画像の圧縮には、EWWW Image Optimizerというプラグインを使用しました。

図3　縄合屋（https://nawawaseya.com/）

図4　PageSpeed Insightsで99点に

運用とのバランスについて

　Webサイトの高速化テクニックのひとつひとつは単純な工程ですが、やることがたくさんあると感じた方もいらっしゃるかもしれません。

　また、このような高速化にこだわりすぎるあまり、管理の手間が増えたり、他の人が手を入れにくくなって運用しにくい状態になってしまうことがあります。

　一番大事なのは、見る人にとって役立つサイトであること。

　そして2つめに管理する人にとって快適なサイトであること。

　よく更新するページは、簡単に更新できるようにあえてテクニックを使わないようにするという決断も、ときには必要になります。無理なく続けられる範囲で高速化しましょう。

採点サイトに振り回されないために

　採点サイトやチェックツールは、あくまでも目安となるものです。

　それぞれの視点から見て、汎用的な基準で「高速かもしれない」と判定しているに過ぎず、実際の表示速度は見る人の環境によって異なります。

　採点サイトで満点を出すことを目標にする必要はありません。

　Webサイトの目的を優先させたうえで、バランスよく取り入れて活用していきましょう。

索引

記号・数字
.htaccess 54, 61, 66, 75, 121, 123
3G回線、4G回線 11

A
Above the fold 82
Accessibility 108
Antelope 30, 49
async属性 85
Audits 105, 112, 113

B
Base64エンコーディング 62
Beautifier 65
Below the fold 82
Bitbucket 151, 153
branch 185

C
Can I use 27
Chrome DevTools 8, 17, 40, 44
Critical Path CSS Generator 88, 96
CSS 3, 58, 88
CSS Minifier 68
CSS配信 86, 95
CSSファイル 58, 88

D
defer属性 84, 95
Dirty Markup 65
Disable cache 18, 128
DOMContentLoaded 19
Dreamweaver 65, 91

E
ECサイト 35
Estimated Input Latency 109, 112
EWWW Image Optimizer 33, 54, 190

G
GIF形式 25
Git 148
Google アナリティクス 83
Googleタグマネージャ 137
gzip 61, 77

H
Headersタブ 127
HTMLファイル 2, 58
HTTP/1、HTTP/2 63

I
ImageOptim 29, 30, 50
index.html 95

J
JavaScript Minifier 104
JPEG 2000 38
JPEG XR 38

L
Lazyload 38
loadCSS 89, 103

M
media属性 37
merge 185
MIMEタイプ 126
Minify 58, 68
mod_deflate 61, 66, 72

P
PageSpeed Insights 9, 15, 38, 93
Photoshop 29
PNG形式 25
preload属性 89, 103
Progressive Web App 108
pull 185

192

Push 172

R

requests 19
Response Headers 127

S

scriptタグ 114
SEO 108
SNS 133
Sourcetree 149, 153, 157
Speed Index 109, 111
srcset属性 37
SVG 26

T

TEST MY SITE 4
Time To First Byte 20
Time to Interactive 109, 111
TinyPng 32, 52
TTFB 20

W

Waiting 20
Waterfall 19
WebP 26
Webフォント 58
WordPress 33, 54, 189, 190

あ行

アーカイブ 180
アップロード 14
インデックス 169
インラインJavaScript 114
エミュレーション 21, 41

か行

解析タグ 86, 135
画像の最適化 58
画像表示形式 28
完全静的なコーポレートサイト 188
期間の指定 125
キャッシュ 123, 125
クエリパラメータ 130
クローンボタン 184
携帯回線 9, 21, 41, 55
検証ツール 8, 17

合格した監査 8, 122
コミット 169
コンテンツ 3

さ行

採点サイト 191
サブリソース 2
差分バックアップ 148
縮小 44
ショートハンド 67
スコア 9
スマートフォン 9
速度インデックス 9, 111

た行

遅延読み込み 93, 144
テキストファイル 58
転送速度 21, 41, 55
透過GIF 25

は行

バックアップ 15, 95, 182
非圧縮データ 42
非同期 88, 103, 144
ファーストビュー 82, 88, 96, 111, 132
ファイル形式の指定 126
フィールドデータ 5
プッシュ 172
不要なコンテンツ 132
ブラウザキャッシュ 120, 125
プル 185
ヘッダーナビゲーション 92
ボトルネック 13

ま行

マージ 185

や行

有効期限 121

ら行

ラボデータ 5
ランディングページ 92
離脱 36
リポジトリ 162
レスポンシブデザイン 47

193

■著者プロフィール

佐藤あゆみ（さとう あゆみ）

PentaPROgram（https://pentaprogram.tokyo/）　ウェブクリエーター
Twitter @PentaPROgram

1985 年ニューヨーク生まれ。まもなく東京に移住し、1994 年から 2 年間のオーストラリアでの生活を経て、ふたたび東京へ。
1997 年頃より、趣味として Web 制作を開始。コーディングに英語力を活かしながら、以降も独学で学ぶ。ヤマハ音楽院中退後、音
楽活動での成功を夢見ながら、PC パーツショップやバイク輸出入会社、楽器店などさまざまな業種でのアルバイトを重ねる。日々
の業務の中で、EC サイトの運営管理や自社サーバの管理、プログラミングなども学ぶ。音楽活動を展開する中で、集客やフライヤー
制作、プロモーションビデオ制作を自ら行い、コーディング外の技術を身につけるきっかけとなるも、2011 年頃に区切りをつけ、ウェ
ブ制作で生計を立てることを決意する。その後は画廊やウェブ制作会社など、中小企業を中心に社員として勤め、2014 年 12 月より、
屋号「PentaPROgram（ペンタプログラム）」にてフリーランスとして独立。ウェブ専業ではない多様な業界の実情を見ながら、中小
企業で「ウェブ担／パソコン担当さん」として業務を続けてきた経験を活かし、その後の運用を見据えた EC サイトやコーポレート
サイトの構築、技術サポートを行う。2018 年、初心者のための Web サイト高速化をテーマとして ism および CSS Nite にて講演。
座右の銘は「できるまでやればできる」。

HTML コーダー＆ウェブ担当者の
ための Web ページ高速化超入門

2019 年 5 月 15 日　初版　第 1 刷発行

著者　　佐藤あゆみ

発行者　片岡　巌

発行所　株式会社技術評論社
　　　　東京都新宿区市谷左内町 21-13
　　　　電話　03-3513-6150　販売促進部
　　　　電話　03-3513-6170　雑誌編集部

印刷／製本　株式会社　加藤文明社

定価はカバーに表示してあります。

本書の一部または全部を著作権法の定める範囲を越え、無断で複写、複
製、転載、あるいはファイルに落とすことを禁じます。

©2019　佐藤あゆみ

造本には細心の注意を払っておりますが、万一、乱丁（ページの乱れ）や落丁（ペー
ジの抜け）がございましたら、小社販売促進部まで送りください。送料負担にて
お取替えいたします。

ISBN 978-4-297-10580-8 C3055
Printed in Japan

■ Staff

本文設計	● 轟木亜紀子 （トップスタジオデザイン室）
組版	● 株式会社トップスタジオ
装丁	● Typeface
担当	● 池本公平
Web ページ	● http://gihyo.jp/book/2019/978-4-297-10580-8

※本書記載の情報の修正・訂正については当該 Web ページで行います。

■お問い合わせについて

● ご質問は、本書に記載されている内容に関するものに限定
させていただきます。本書の内容と関係のない質問には一
切お答えできませんので、あらかじめご了承ください。

● 電話でのご質問は一切受け付けておりません。FAX または
書面にて下記までお送りください。また、ご質問の際には、
書名と該当ページ、返信先を明記してくださいますようお
願いいたします。

● お送りいただいた質問には、できる限り迅速に回答できる
よう努力しておりますが、お答えするまでに時間がかかる
場合がございます。また、回答の期日を指定いただいた場
合でも、ご希望にお応えできるとは限りませんので、あら
かじめご了承ください。

＜問合せ先＞

〒 162-0846　東京都新宿区市谷左内町 21-13
株式会社技術評論社　雑誌編集部
「Web ページ高速化超入門」係
FAX　03-3513-6179